豆柴センパイは
おばあちゃん

石黒由紀子

幻冬舎

豆柴センパイはおばあちゃん

CONTENTS——目次

第3章 16歳

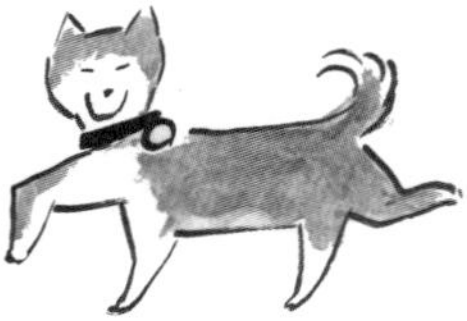

第4章 17歳

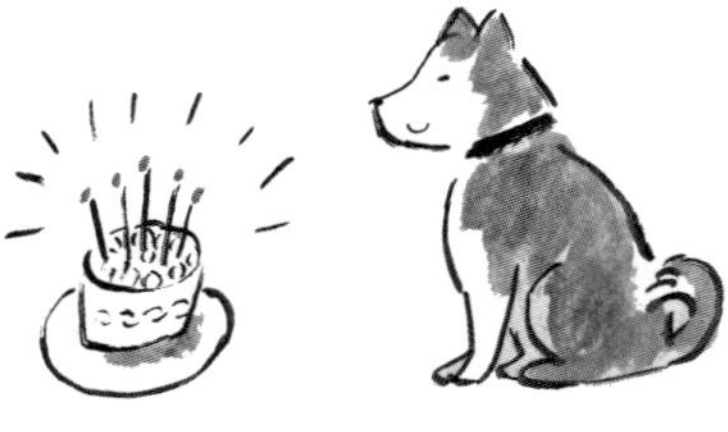

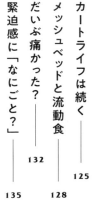

第5章 18歳

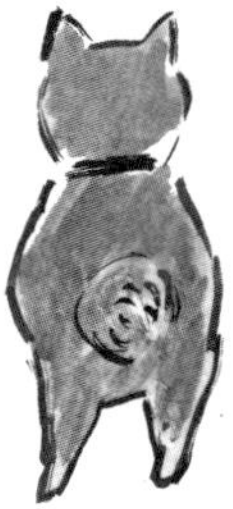

はじめに

いま、私の右の頬には小さな擦りキズ……。早朝、寝ているところをセンパイに踏みつけられた。「いたっ！」と目覚めたけれど、眠さが勝りそのまま忘却。起きたらふんわりと腫れて目立つようになってしまった。人と会う約束もないので放っておくことにします。

センパイは、腹時計が夜明けをお知らせすると「ごはん、ごはん、朝ごは～ん！」。家人を起こそうと私たちが寝ているベッドの上を歩き回る。今朝もその際に、わざとか無意識か私の顔を踏んだ。猫のコウハイは、ずっと以前から人間の顔や身体《からだ》を通り道にしているけれど、センパイが私を踏むようになったのは数ヶ月ほど前から。

犬の平均寿命は超小型犬で15・20歳、中型犬・小型犬は13・69歳。全体的な犬の平均寿命は14・44歳（一般社団法人ペットフード協会が2019年に行った「全国犬猫飼育実態調査」より。2023年の調査では14・62歳に延びている）。我が家の愛犬、豆柴のメス・センパイは14歳。ありがたいことに、健康で順調に年齢を重ねてきたけれど、ここ1年くらいで心身の変化があった。年齢からみて、これはたんなる老化？

それとも病気？　病気だとしたら治療をすれば治る？　異変を感じては、いちいち心をざわつかせ神経質になっている。そしてあるとき、ふと思った。

「私、毎日を楽しめていないのでは？」

14年もの日々を共に過ごした、かけがえのない愛犬がここにいるのに、何をするにも先回り。予防するにはどうしたらいいかを考えたり、これまでの生活を思い返して反省したり……。過去と未来に振り回されて、今を生きていない。

気づきは、愛犬を見送った友人や知人の言葉からでした。「介護していた頃はおしっことかうんちの始末ばかりでうんざりしていたけれど、今、ここにあの子が戻ってきたら、喜んでうんちを拾うよ。何回でも拾いたいよ！」「思いどおりにいかなくてイライラしたり、不安でつらかったりも、そのうち懐かしく思えるときが来るわよ」「修羅場って、過ぎてある程度時間が経つと、愛おしく思えるから不思議」「センパイとの時間を優先して、大切にしてね！」。困っていることを投げかけると、一緒に考えてくれる犬飼いの先輩たちがたくさんいてくれて心強い。みんな愛犬や愛猫、ペットと濃密な時間を過ごし、旅立ちを見送り、寂しさと並走。その経験を心の宝箱にしまっている。それを惜しまず伝えてくれる。

センパイは2005年の9月12日生まれ。生後4ヶ月の2006年1月に我が家にやって来ました。その頃から、私はセンパイに「少なくとも15歳までは元気でいようね」と言っていました。15歳にこだわりがあるわけではなく、長生きの目安としての15歳。長生きがすべてではないけれど「できれば1日でも長く一緒にいたい」、そういう思いがあった。

東京オリンピックの開催が決まってからは（賛成ではなかったけれど）、「オリンピックを一緒に観るよ」が目標に。2020年、オリンピックは延期になりましたが、センパイは15歳を迎えます。小さくてくちゃくちゃだった猫のコウハイも10歳。たくさんの方に読んでいただいた書籍『豆柴センパイと捨て猫コウハイ』（幻冬舎）から約10年、おばあちゃんになったセンパイのこと、センパイをなまぬるく見守り支えるコウハイのことを、ここに綴っていきます。

（2020年　7月　記す）

この本は、ウェブサイト幻冬舎plusで2020年の夏から連載していた『豆柴センパイはおばあちゃん ヨロリゆるゆる、今日もごきげん』を大幅に加筆修正した一冊です。弟猫のコウハイとのんびり過ごし、元気だったセンパイはこの時期から少しずつ老

化（進化？）がはじまり、のちに介助から介護生活に。猫1匹、オット1人、そして私、
みんなでセンパイを支え、そして支えられた日々の記録です。

第1章

14歳まで

センパイ、そしてコウハイ

まずは、センパイの子犬時代を駆け足で辿ります。

出会いは2005年の10月。仕事で訪れた、当時、伊豆高原にあった「ドッグフォレスト」という施設でのこと。そこで、ムクムクとうごめく毛玉、生後2週間の豆柴の赤ちゃんに出会いました。ここは、生体販売をしてはいるけれど、犬たちの心身の成長を考慮し、生後3ヶ月までは母子一緒に過ごさせる方針とのこと。

いつかは犬と暮らしたいと思っていたのです。保護犬とか知人の家で生まれた犬など、そのうち縁がある子がきっと現れるだろう、そんな確信めいた気持ちが、なぜかありました。今日、犬を飼う（買う）ことになるなんて、夢にも思っていなかったのに、連れて来られた子犬2匹（オスとメス）を見た瞬間、運命が動き出し（少し大げさ）、「今、決めても、うちに来るのは2ヶ月以上先。その間に、準備をすれば大丈夫かな」という考えが心の保険となり、2匹のうちの身体が小さいメスを迎えることに決めた。マンションヨン住まいのため小柄な犬のほうが犬も人も暮らしやすく都合がいいだろう、そう考えてのことだった。

おっとり、というかどこかテンポがズレる、ぼんやりした印象の犬でした。子犬らしいエネルギーを張《みなぎ》らせ、何ごとにも果敢に挑む無邪気さや好奇心は持ち合わせていたけれど、吠えて困るとかモノを壊すということはなく、どちらかというと、慎重でおとなしく育てやすかった。聞き分けがよく、とぼけたマイペースな性質は生まれつき。

「食いしん坊ですよ」と言われてはいたけれど、まさに！　日に2回の食餌《しょくじ》は最大のメインイベント。食餌の前には、一応おすわりをさせて「待て」。私の「はい、どうぞ！」が食べる合図としつけてもフライングすることはしょっちゅう。食べはじめると、あっという間に平らげ、フードボウルは何も入っていなかったかのようにピカピカに舐め上げられた。私の実家にいたさぶ、くーちゃんなど、身近な環境で犬の食餌風景は見慣れていたけれど、こんなにも瞬時にごはんを消してしまう犬は知りません。

食べ終わるとすぐ、「次はいつ食べられるの？」と私を見上げ、そのかわいらしさに心を摑まれつつも、底知れぬ食い意地が末恐ろしくもあった。

「センパイ」という名前になったのは、友人が来たときに、子犬に向かって「お願いしますよ、センパ〜イ！」なんて言って遊んでいたら、「センパイ」で振り向くようになってしまったことから。「センパイ」という名前、響きもいいし、おもしろいし愛嬌があっていいかも！　と、正式に名付けることにした。

２００６年のお正月明けに我が家にやって来て、近くの氏神さまに初詣も兼ねてお参りに。「今日からうちの犬になります。春になったら毎日散歩に来ます。よろしくお願いします」。そして我が家に来て数週間後に動物病院を受診。ワクチンを打ち、区に登録して鑑札を交付してもらい、正式に町の住犬となりました。

センパイが散歩をはじめた頃に、よく会う小柄なヨークシャーテリアがいた。子犬のようにも見えるあどけなさにして、なんと21歳。ときどきお会いするうちに飼い主の紳士とも少し会話を交わすようになり、その方曰く「長生きの秘訣は、脚腰と口内ケアです」。とにかく、子犬の頃からよく歩かせていたとのこと。そして、口内ケアは「老犬になってくると口内のトラブルが原因で体調を壊すことがありますから。子犬の頃から歯みがきの習慣をつけておくといいですよ」。これを聞き、家に戻った私は忘れないようにと、お気に入りのノートに「日々の散歩」「歯みがき」と大きな字で書き留めた。

１歳１ヶ月で不妊手術を受け、術後の回復は順調。以後、夏に痒《かゆ》みが出たりしたものの、「狂犬病予防とワクチンの注射をするときにしか動物病院には用がない」という健康優良犬としてヤング〜ミドルの柴犬ざかりを過ごしました。

センパイを乗せてクルマであちこち出かけることが楽しくて、毎週のように海に通っていた時期もあったけれど、センパイは海が苦手。無理に泳がせては気まずくなって、最終的にはおいしいおやつかごはんをあげて、「ごめんなさい」と私が謝っていた。犬同士で遊ぶより人の輪の中で話を聞いたり居眠りしたり、ドッグランよりもドッグカフェが好きな犬でした。

センパイが5歳になった頃、ごはんだけを楽しみになんとなくぼんやりと過ごしているのを見て、「こんな感じでいいのか？」と思ったのは私。もちろんこのままのんびり暮らしていくのが「しあわせな犬生」なのだけど、もう少し張りのある日々を送って欲しかったというか、単に私がそうしたかっただけなのか。相棒が必要？

とはいえ、「犬を2匹」は自信がなくて、勧められるまま動物愛護団体から子猫を迎えることにしてトライアルを開始。それまで猫と暮らすなんて、考えたこともなかったのに。

子猫はコンビニの袋に入れられ3兄弟で捨てられていたそうで、拾われて交番と動物愛護センター、そして団体を経由して我が家に流れ着いた。死にかけたこともある虚弱で極小な子猫、薄幸そうな姿とは裏腹に、我が家に来たその瞬間から何事にも積極的、戸惑うセンパイの背中に上って寝てしまった。

それからは、小粒だけれど強力な台風の目となって、センパイや私たち夫婦を巻き込みぐるぐる。子猫はセンパイがいたから「コウハイ」と名付けられ、忍耐強く育猫に励んだセンパイのおかげで伸び伸びとした（身体も）猫になりました。2匹は母子のような姉弟のような関係になり、それから多少の波風を立てつつ現在に至ります。

センパイがおばあちゃんになると、俄然、孝行猫となり、センパイ想いの猫になりました。

7歳の手術で厄落とし

ずっと保管していた動物病院の診療費明細書の束を見ていたら、2009年の春に「書類作成料」とあった。「これ、なんのことだっけ？」。おぉ、そう言えばこの時期、センパイは「アニマルセラピー犬」として活動していたのです。飼い主と一緒に老人保健施設などを慰問するボランティア。書類とは、その本部に提出しなければならないもの。血液検査と健康診断をしてもらい、「ワクチンや狂犬病の予防注射など、やるべきことはやっている」ことや、既往の診療などの詳細も記入し「この犬の健康を証明します」というもの。月に1度か2度、3時間ほどの活動だけれど、お年寄りにセンパイたち犬や猫を見てもらい、ときには撫でてもらったり、一緒に歌を歌ったり。施設に入所しているお年寄り、デイサービスに通ってくる人々にとって、動物たちとふれあうことは精神的によい刺激となるそう。みなさんが喜んでくれるので、とても楽しかった。センパイもユニフォームであるピンクのバンダナを付けるとキリッ。それなりにやり甲斐を感じていた様子。もしかしたら、私がやりたかったことに付き合ってくれていただけなのかもしれないけれど。

このボランティアに興味を持ったのには理由があった。それは、私の母が68歳でアルツハイマー型認知症との診断を受けたことにある。人が年齢を重ねるとはどんなことか、認知症に罹《かか》るとどうなるのかを少しでも知ることができたら、そう思ってのこと。母とは、離れて暮らしていたのでなかなか会いに行けず、なので母にしてやりたいことをボランティアで接する方々にさせてもらいたいという気持ちがあった。「何か手助けになれば」とも思っていたけれど、いつも私のほうがみなさんに癒され元気をもらっていました。

センパイは成長期も一段落、すっかり成犬となり、心身ともに落ち着いてきた。多少、甘えん坊で依存心が強く分離不安症の傾向があったものの、ひとりでの留守番も問題なし。体力もあり、時間があるときは散歩も遠出。公園のドッグランやドッグカフェに行き、私の取材や撮影も兼ねて、ドライブや電車での旅を経験したのもこの頃。もともと外出好き、外面《そとづら》がいいのも功を奏し、世界が広がり社会性も身についた。犬見知りだったけれど、センパイ自身も私と一緒に仕事をしているという感覚でいたみたい。今、あらためて、私は犬に恵まれていたと思う。

5歳になったセンパイは、のんびりを超えてぼんやりした犬となっていた。元からその傾向はあったけれど、なんだかすっかりご隠居さんの風情。食べることだけが楽しみで、食欲は底なし。ごはんやおやつを「もっと！　もっと！」と、催促するときだけ活気づき、あとはほとんど置物のようになって惰眠を貪《むさぼ》る毎日。「これでは早々にボケてしまうのでは？　健康にもよくない！」そう心配だった。

あ！　それならセンパイのボケ防止に犬をもう1匹……？　我ながらいい思いつき！　しかし、具体的なことをあれこれイメージしてみると、犬を2匹飼うことにどうも自信が持てなかったので、動物愛護団体を主宰している友人に相談してみることにした。「じゃあ、猫にしたら？」彼女は即答。我が家の暮らし方やセンパイの性格も把握している彼女の言うことだから、きっと正解。しかし、私は猫と暮らしたことがない。大丈夫かニャ？　その不安を察知し彼女は言った。「センパイはメスでおっとりしているから、オスの子猫だったらうまくいくんじゃないかな」

「そんなもの?」「うん」(きっぱり)。そして「この子、どう?」と推薦されたのがコウハイでした。彼女の野生の勘は大当たり。センパイははじめこそ戸惑ったものの、次第に「育児」に励み、虚弱だったしょぼしょぼの子猫は5キロを超える大猫に。センパイはその後少しずつ縮んできているので、今ではコウハイのほうが大きく見える。

コウハイが来たことで、今まで発揮されていなかったセンパイの長所が表に出るようになりました。深いやさしさ、我慢強さ、面倒見のよさ……。センパイの愛に包まれて、コウハイはすくすく育ち、お互いを頼り合う仲良しコンビとなりました。

「犬も7歳を過ぎると、不思議なくらいにあちこちガタが来るのよね」

犬を飼っている友人たちからよく聞いていたけれど、私にはそんな実感はなく「へぇ、そんなものなのかな〜」と、軽く聞き流していました。しかし、センパイが7歳を迎えたばかりのある日、日課のブラッシングをして、手で腹部を撫でているとポツッと何かが手に当たる感触が。ドキッとして、もう一度慎重に触れてみると、センパイの腹部の右脇あたりに確かに何かがあった。目を凝らしてみると、赤みなどはなく、ただふんわりと腫れていた。

急いで受診したところ「痛がる感じもないし、今はまだ判断ができないので、少し様子を見ましょう」と先生。腫れがこのまま自然にひっこむ場合があるし、逆に大きく育つ可能性もあるそう。5日後に診察の予約をして帰宅。ドキドキしながら過ごしていたら、幸いなことにセンパイの腹部の謎なふくらみは、少しずつ小さくなって消えていった。思えばこれがセンパイのイボ歴史のはじまり。その後もブラッシング中に指に引っかかるものに気づいたり、散歩の途中、夕日に照らされた顔に見慣れぬ影を見つけたり。何この雨後のたけのこ感。よく耳にした「7歳になったらあれこれある」とはこのことか。

あぁ、そして今度は右目の下あたり。私は慣れて図太くなり「またすぐなくなるよね」と高をくくっていたら思惑ははずれ、「ポチッ」はどんどん大きく育っていった。

「良性か悪性かの検査をする場合、目の周辺はデリケートな場所なので麻酔をします。そしてもし悪性だった場合、もう一度麻酔して切除となります。なので、はじめから切除手術をしてしまったほうが、センパイちゃんへの負担は少なくて済むのですが……」

獣医師の言葉に、私は手術を決めました。センパイ、不妊手術以来、2回目の手術。

1泊2日の入院、手術の翌朝に出された養生食を一瞬で完食し、病院のみなさんを驚かせたそう。術後も順調。剃毛の跡とエリザベスカラー姿が痛々しいものの、コウハイの献身的な寄り添いの甲斐もあり、数ヶ月後には被毛も生え揃い、めでたく完治。この頃からすでにコウハイの献身的な見守りと介助力は発揮されていたんですね。

犬の7歳は人では40代半ば。体調の変化やちょいと心配なことが出る厄年ぐらい。心身のバランスや良好な健康状態を保つのに多少の努力が必要となる頃。「疲れが抜けないなぁ」とか「傷の治りが遅くなったな」なんて思うようになり、「揚げ物を食べすぎると胃がもたれて」なんて会話をするようになる（私の場合）。犬も人も同じですね。センパイの手術を「厄落とし」と考え、これからも健康で長生きができるよう、気持ちの緒を締め直しました。

腎臓と肝臓の数値が

年齢を重ねても、センパイの、食べたい食べたいなんでも食べたいいっぱい食べたい病は相変わらず。加齢により代謝が落ちたことが原因か、獣医師からはたびたび「ハイミドル小太り」を指摘されました。いつもそばにいる猫のコウハイが大きいからか、センパイに初めて会った人からは「イメージしていたよりも小さいんですね！」と驚かれていたけれど、もともとの骨格が小ぶりで小顔。マイナス1・5キロが適正体重とか。そう実感する出来事があった。

それはセンパイが10歳の冬を迎えた頃。朝、ベッドから起き上がり歩く姿がギクッ、シャク、ぴょこん、よろり。どうも不自然。突然のことで本犬も戸惑い「あら、どうしちゃったのかちら」。ゆっくり立たせ、支えてそろりそろりと歩かせてみても滑らかには動けず、ふらついて尻もち。急遽《きゅうきょ》、公私ともにセンパイや私たち夫婦を知ってくれている獣医師の病院までクルマを走らせた。

「簡単に言うと、人間がずっと正座をして脚がしびれて動けない、そんな感じですね」と先生。じっくり診察するも、外傷はどこにもなく関節や骨も問題なし。考えられるのは、長時間同じ体勢で寝ていたりすると、関節や筋肉が固まり戻りにくくなる、という症状。「寒くなる時期によくあるんですよ」。若い犬には起こりにくく、これも加齢による症状とのこと。解決策は体重を減らすことと散歩の強化。痩せれば脚腰への負担も軽減される。散歩は長時間を1回よりは、短時間を何回かがいいらしい。むむむ。

センパイが7歳になった頃、『いぬのきもち』WEB MAGAZINEで、「美魔女への道」という連載をしました。犬が健やかに歳を重ねるためにどうしたらいいか、専門家を訪ねてお話を伺うという内容で、そのときにお世話になった老犬トレーニングの先生が話していたのは「散歩も平坦な道を歩くだけでなく、階段や坂道を積極的に歩くことが、脚腰を鍛えることにつながります。日頃の積み重ねが大事。急がずにゆっくり上るほうが効果がありますよ」。

そうだ、そうだった。早速、散歩の帰りにマンションの階段を上るミッションを追加。幸か不幸か我が家は7階にある……。

「え、上るの？　冗談でしょ」とエレベーターのほうへ行こうとするセンパイを制し、階段へ。はじめはシブシブだったものの、やがてリズムよく上るようになり、今では人間のほうがついていくのにひと苦労。この階段上りは14歳になっても続いています（無理に上らせるのはよくないとの意見もあるようです）。

その頃から、センパイのほうが私を心配したり、励ましてくれるようになっていた。仕事でうまく進まないことがあり気落ちしていると、座っている椅子の横にやって来て私の足の甲に少し体を乗せて座り「大丈夫？」という眼差しで見上げてきたり。なんだか同年配感が滲む。オットへは完全に上からというか、頼りにしつつも彼のつい甘やかしてしまうところを熟知して、いいようにしていたな。センパイの成長を喜びながらも「いつか追い越される日が来るんだな」と、そんな未来も見え隠れ。悲しみと寂しさの前払いはこの頃からはじまっていた。

２０１６年にセンパイは11歳になりました。犬の11歳は人間の年齢でいうと約60歳。還暦ですね。また、ここでも警戒を強める私だったけれど、本犬はこれまでと変わらぬ日々。春に行われる狂犬病の注射のとき、獣医師の提案により血液検査を受けるようになったのもこの年から。検査結果を聞くのは毎回緊張するけれど、「年齢にしてはとてもいい数字で、なんの問題もありません」と言ってもらえて、ほっとした。

12歳、13歳になると、散歩での歩みがゆっくりになり、ダッシュをする距離も短くなった。物音がしても目を覚まさなくなったり……。俊敏さやスピードがやや衰え「歳を重ねる」とはこういうことなんだな、そう実感することが増えてきました。よく年齢を季節にたとえることがありますね。11歳のセンパイは、錦秋《きんしゅう》を過ぎ、そろそろ冬支度というところ。

２０１９年、13歳の春。狂犬病の予防接種のときに恒例の健康診断と血液検査を受けた。結果を聞きに行くと、先生、慎重に言葉を選ぶように話しはじめたのです。「センパイちゃん、これまでずっと健康だったから、ちょっと驚いたのですが」と前置きし、「腎臓と肝臓の数値が良くないです。早急に治療をはじめないといけませんが、まずは腎臓を中心に考えて治療プランを練りましょう」。数値的には肝臓のほうがよくないけれど、腎臓は悪くなるとその部分は壊死《えし》し回復しないので、今の腎臓の状態をこのまま長く保つための治療を優先する、ということ。快癒は望めない、これ以上悪くならないための治療。

毎日の投薬。そして、月に1度は血液検査。尿タンパクや血圧も把握しながら、状況を見ることになりました。薬自体には味も匂いもなく、いつもの食餌にふりかけると、センパイは抵抗なく摂取。「腎臓を今の状態に保つために、薬は一生飲ませることになります」。獣医師の言葉が、ずっしりと私の心にのしかかる。治療はエンドレス。センパイの一生って、あとどれくらい？

冷静に受け止めようとしたけれど、頭の中の整理がつかない。「センパイは大丈夫！」という根拠のない自信がガラガラと崩れ不安がぐるぐる。どうしよう、どうしたらいいのかな、と空回り。感情だけが駆け巡り心の居場所が見つからない。しかし、私が不安で暗くなっているのはセンパイにも悪影響。「まずは、気持ちを明るく持って、今できることに向き合うしかない」自分をそう励ました。ガソリンが入っていないクルマのエンジンをただ勢いよくふかしているような、そんな気分だった。

いくつになっても「いやしい系」？

私にとってセンパイが腎臓を患うとは意外なことだった。勉強不足で、「腎臓」と言えば、高齢猫の病気という印象が強かったから。しかし、腎不全は老犬に多い疾患だそう。思い返せば、血液検査をする2ヶ月くらい前に「水をよく飲むようになったな」と感じたことがあったっけ。私の耳をくすぐるようなぴちゃぴちゃ、ぴちゃと、かわいい音を立て、ゆっくりゆっくり味わうように水を飲んでいた。「さっきから、ずっと飲んでるな」と感じることもあった。

子犬時代から、どちらかというと水分摂取量が少ないほうで、外出するとほぼ飲もうとしなかったセンパイ。なので水をよく飲むようになったのは、むしろいいことのように捉えていた。でも、それはもしかしたらすでに罹患《りかん》していたからだったのか。もっと早く気づけていれば、状況は変わっていたかもしれない。現在、病状は「中程度よりも少し進行している」状態。がんばれ、センパイの腎臓。

「自覚症状はないはずですが、数値から見ると、センパイちゃん自身も〝だるい〟とか〝疲れるなー〟と感じているかも」と獣医師。散歩に積極的でないのはそのせい？　寝ている時間が増えたと感じていたけれど、それも加齢によるものだと思っていた。その見極めが難しい。加齢からくることなら無理でも、病気だったら治療すれば治る可能性はあるはず。

できるだけ苦痛は取り除いてやりたいけれどどうしたらいいのかな。1日2回の投薬は生きている限り続けなくてはならないらしい。何かほかに健康改善につながることはないだろうか。

そんなとき、長年の友人・俵森朋子《ひょうもりともこ》さんが『老犬ごはんの教科書』（誠文堂新光社）を出版。なんとよいタイミング！　早速、「助けて、ひょうちゃん（俵森さん）」と栄養相談を依頼しました。人はもちろん、犬や猫も「食べることが生きる基本」と、日頃から考えている私。毎日の食餌を大切にしたい。特に、食いしん坊のセンパイだから、食べることに楽しみを見出せたらモチベーションも上がるのでは？　腎臓病用の療養食も市販されているけれど、それを常用するほどは悪化していないので、手軽に取り入れて体調にプラスになることを提案してもらうことに。

ひょうちゃんにセンパイを触診してもらうと「体内で水分が滞っているね」とのこと。え、そうなの？　触っただけでわかるとは、なんというゴッドハンド！　私のことも触ってほしい。

第一段階として「水分の流れをよくして腎臓を助け、むくみを取ろう」ということに。それが体調を整える第一歩、身体が変われば心も変わる。「100%手作り食で」と宣言したいところだけれど、いささか自信がなく、いつものドライフードにトッピングするメニューのレシピを作ってもらうことになった。

腎臓は「元気の銀行」。腎臓が悪いと老化も進む。水分をたっぷり摂り、身体を冷やさないことが大切とのこと。ポイントとしては、センパイが常食としているドライフードは魚が主原料なので、トッピングメニューも魚のタンパク質を中心にすること。これは、消化する際、肉と魚では違う酵素を出すため、老犬には負担になるから。

メニューの中心となる魚（青魚、白身魚）のほか、A「旬の野菜」+B「ケアする野菜」+C「きのこ&海藻」という組み立て方。センパイには、Aはセロリ、冬瓜《とうがん》、トマト、もやしなど。Bは、人参、キャベツ、ブロッコリーなど。Cのきのこは舞茸かマッシュルーム、椎茸。海藻はわかめ、昆布など。A~Cはそれぞれ1種類、そのときに手に入るものを同量ずつ。これに大葉をプラスして、刻んで煮る。そして、水分はしじみ汁か昆布水を作っておき、与えること。補助食材としては、乾燥生姜、あずき粉。粘膜免疫を整えるために、もずく、アカモク、ひきわり納豆、ヨーグルトなど。

食餌全体を10割とするとドライフード8割、トッピング2割。しじみ汁か昆布水をたっぷり。これがセンパイの通常ごはん。心がけるのは、私が無理をしないこと。なにせ長期戦になるのだから。「アレがないとだめ」などと頭でっかちにならず、あるもので組み合わせればいいし、トッピングを作れない日があってもそれはそれ。多めに作って冷凍しておくのもあり。

思えば、子どもの頃から喘息《ぜんそく》持ちでアレルギー体質だった私。牛や鶏、大豆や小麦などは、厳しい食事制限があり、外食も、学校給食も食べられなかった。みんなが給食を食べている中で、ひとりお弁当を広げるのはいやだったけれど、母のお弁当は好きだった。きっと母なりに苦心して、「寂しい思いをさせないように」と工夫して、日々作ってくれていたんだな。そんなことも、センパイの食餌問題に向き合うことで思い出した。あの頃の母の苦労を、少しは理解できる私になれた。

センパイはよく食べてくれた。13歳にして秒殺で完食はうれしい。このちょい足しメニュー、結石を患ったことがあるコウハイにも食べさせています。

センパイのことを子犬時代から「癒し系ならぬ、いやしい系です」と書いてきたけれど、それは今も変わらない。食欲旺盛、食べることへの執着はまさに「喰い意地」を感じます。こちらとしてはあきれもするけれど、食べたい欲が振り切れているからフードにちりばめられた薬も気にせず、病院のつらい検査も家に戻ってごはんを食べると忘れられる。思えば、助かることばかり。

犬によっては「老犬になって食欲にムラが出てきた」と聞くけれど、センパイに限ってはその心配はなさそう。センパイの食べっぷりにつられて、猫のコウハイも犬のようにわっしわっしとよく食べる。まぁこれは「ペットは飼い主に似る」ともいわれるので、もともとの要因は食いしん坊の私にあるのかもしれない。

「腎臓病が完治することはないですから、まずは血液検査のこの数値を保てるように。その先、ずぅーーっと低空でも安定して過ごせることが第一ですからね」

獣医師からの言葉を思い出しながら、センパイのすこやかな老後を祈る。

脚を引きずってる？

センパイ13歳の夏。オットの生みの母（オットには3人の母がいる）の七回忌があり、夫婦で彼の故郷・石川県金沢市に行くことになった。コウハイと一緒とはいえ、高齢になったセンパイを慣れないところに預ける気になれず、私は新幹線で日帰り。2匹に朝ごはんを食べさせ、散歩も済ませてから出かけるとして、夕方のごはん（17時頃）に間に合うように帰宅するのは難しい。そこで、近所の犬友だちであり、ドッグトレーナーでもある大澤紀子さんにシッターをお願いすることにした。

大澤さんは柴犬・新之助くん（当時15歳）と、しなやかな体軀で茶色い短毛にブルーの瞳が美しい中型の保護犬エレナちゃん（3歳）の飼い主で、犬のトレーニングや保護犬活動の経験も豊富。散歩で会うセンパイのことも気に留めてくれて、よく知っているし慣れている。今回は仕事としての依頼です。

大澤さんは仕事のパートナー・山口晴子さんと我が家に来て、鍵の受け渡しのこと、フードやトイレシートの置き場所、散歩のコース、ごはんの前後にやってほしいことなどを打ち合わせ。2匹と遊びつつ、いつもどんなふうに過ごしているのかを把握してもらった。当日もＬＩＮＥで細かく報告があり、いつも通りにリラックスして過ごしている2匹の画像に大安心だった。

それから後日、大澤さんがセンパイの脚と歩き方についてレポートをまとめてくれた。それによると、右の後ろ脚を少し引きずるように歩いていることが指摘されていた。確かにそうだった。特に痛がる様子もなかったので、なんとなくそのままにしていたけれどいつの頃からだったか。以前は軽々とこなしていたソファやベッドの上り下りが「よ

「っこらしょ」という感じになってきていたので、根拠もないままに「加齢によるものなのかな」とか「歩き方のクセ？」と片付けていたことでした。

提案されたのは「フローリングの床にマットを敷くこと」。我が家は全面フローリング。「今はまだ大丈夫でも、もっと脚腰が弱ってくると踏ん張れなくなり、ツルツル滑って歩きにくくなる。そうなると、センパイは家の中で転ぶことを恐れ、歩こうとしなくなるのでは？」。それは下半身を弱めることになり、ひいては晩年の健康に影響すること。また思わぬ転倒により大きなケガにつながる恐れも。そこで、そうなる前にフローリングにマットを敷きましょう、ということに。

「犬の脚腰を守るためにマットを敷いたほうがいいよ」、老犬と暮らした経験がある人からもアドバイスをもらったことがあったけれど「うちはまだ先のこと」とのんびり構えていたし、以前にも増して寝てばかりいるセンパイ。それもまた漠然と「加齢によるもの」と受け止め、流していた。もしかしたら歩くのが億劫になって、寝てばかりになったのかもしれない。

老犬との暮らしでは、日々、ちょっとした変化が起こる。たとえば、ソファに乗るのもこれまでは何の抵抗もなくひょいとやっていたのに、少し躊躇《ちゅうちょ》し構えてから乗るようになった。誰かが玄関に訪ねてくると必ず迎えに出ていたのに、今日は来ない。私が食べていたおやつをポロリと床に落としても走ってこない……。違和感からの寂しさを「歳だから仕方ないよね」と、打ち消し、済ませていたことがいっぱいある。しかし、そうやって心の隅に棚上げするのではなく、状況が今後どう変化していくのかを想像したり、加齢なのかそれとも病気なのかをひとつひとつ考えてみるのが大切なことだとあらためて感じる。

さて、マット探しです。何人もの犬飼いの先輩から薦められたのはタイルカーペット。サイズはさまざまだけど、たとえば50センチ×50センチのカーペットをたくさん買って家じゅうに敷き詰める作戦。歩きやすくすることが一番なのだけれど、そののち、センパイのトイレの自由化がはじまった場合、汚れた部分だけを捨てられるので便利だとか。比較的安価なのもお薦めの大きな理由。確かにね、トイレシートを1枚敷いておけば失敗することなどなかったセンパイだけど、用を足しやすいよう（失敗を防ぐ意味でも）2枚にして面積を広げたばかり。こ、これがどんどん広がると……。

気を取り直し、近所のホームセンターを見に行ったりネットで検索したりして「我が家にはこれかな」という薄いグレーのを選ぶ。現在の住まいに引っ越したのは17年前。犬を飼うことを前提に選んだ中古マンションです。リフォームをする際、木が好きなオットがこだわったのがフローリング材。防音に関して規約が厳しく、なかなかいいものに出会えず難航、強力な防音材を敷きその上にロシアで伐採された松の無垢材を使うことにした。長い間、ワックスを塗っては磨き、育ててきたお気に入りのフローリングにマットを敷き詰める日が来るとは。

なんだか思い切れず、リビングだけはこれまでの印象があまり変わらないようにと、IKEAで見つけたジュートのラグを敷くことにしました。先々のことを考え、これも大きなサイズを1枚敷くのではなく、80センチ×150センチのサイズを何枚も買って敷き詰めた。

カタカタカタ……。フローリングの硬い床を蹴って、センパイが駆け寄って来ていた足音がまだ耳に残っている。爪が伸びてくるとカッカッカッカと少し高い音に響いたな。もう聞くことはないのかもしれない。

それから1年後、センパイはよろよろしつつも家じゅうを活発に歩いているけれど、マットを敷いていなかったら、もう歩くことをやめてしまっていたかも。そう思うと大澤さんのアドバイスはありがたく、愛犬をプロの目で見てもらうことの大切さを痛感。何ごとも早め早めに。マットを敷く、思えばこれが介護態勢に入る第一歩だった。

父と母のこと

私が生まれた家には犬も猫もいなかった。でもなぜか、ものごころがついた頃から犬が好きだった私。「うちにも犬がいたらいいいな～」と、折に触れて呟いていたけれど、なにせ母が犬嫌い。それは大学生のときに、どこからかやって来た犬に追いかけられ、新調したてのオーバーコートの裾を嚙みちぎられたから。そのエピソードを昨日のことのように語っては「あのときは生きた心地がしなかった。もうあんな思いをするのはこりごり」と付け加える。

「じゃあさ、もし追いかけられても怖くない、小さなフワフワっとした犬ならいい？」私が言うと、今度は父が「いや、犬は犬らしく堂々としていないとな」。どうやら秋田犬や柴犬に憧れているようだった。兄は繊細で虫さえも怖がる……。

そんな我が家に犬がやってきたのは私が高校2年の春。ある日、学校から帰ると玄関先に段ボール箱が置かれてあり、開けると真っ白い子犬がいて驚いた。「デパートのペット売り場で買ってきた」と、うれしそうな父。母をどのように説得したのかは知る由もないけれど、子犬のかわいらしさに母も思わず首を縦に振ってしまったのかもしれない。その犬は「三河柴」という種類。一体いくらだったのかは、ふたりとも口を割らずわからないまま。ついでに言うと「三河柴」という犬種は他で聞いたことがない。日本スピッツ、柴犬、マルチーズ、その辺の血筋を感じさせる、たぶん世界でたった1匹の雑種犬（だと思う）。昭和の「日本犬ブーム」時にブリーダーが本種のニセモノを作り、都市圏などで「三河柴」と称して販売されたという説もある。

素朴な風貌の子犬に私は「さぶ」と名付けた。さぶはどこか武士っぽく頑固で実直、そんなところが父と相性が良く、それまで朝寝坊だった父は人が変わったかのように、さぶとの早朝さんぽを励行した。ふたりがさんぽに出かけるのを見た祖母は「彰さんさぶを家来に引き連れて朝のさんぽは威風堂々」と詠んだ（彰は父の名前）。朝晩のごはんを与えるうちに情が湧いて来たのか、母もかわいがり、さぶは我が家の末っ子として18年生きた。

母は、若い頃から腎臓や肝臓の持病があり、通院しながらゆるめの日常生活を送っていた。60代の半ばを過ぎた頃、ぼんやりすることが多くなり、とりあえずと受診した「もの忘れ外来」でアルツハイマー型の認知症と診断された。これは一大事と父と兄家族とで対策を練り、基本、母の面倒は父が看る。近くに住む兄家族はそのフォロー、私は月に1度、泊まりがけで帰省し、両親の様子を見て身の回りの細かいことの世話をする、こととなった。

私が住んでいる東京から実家のある栃木県の那須地方まで月に1度通うのならば、新幹線よりクルマのほうが便利だろう。20年来のペーパードライバーを返上し小さな新車を購入した。そのクルマでのはじめてのロングドライブ先、伊豆で出会ったのが生後2ヶ月の柴犬、つまりセンパイ。思えば、すべてはここからはじまっていたんだな。

認知症に回復の道はなく、投薬で進行を抑えることしかできない。私が帰省するたび母は確実に変化していた。でもそれは悲しいことばかりではなく、子どもみたいに笑うようになったり、これまで知らなかった母の一面を発見するのはうれしく楽しく、母娘の距離は縮まった。ときどき連れて行くセンパイを、母は「さぶちゃん」と呼んだ。

明るく料理上手でしっかり者だった母がどんどん変わっていくことを、頭ではわかっていても受け入れ難かった父。慣れない家事も含めて困惑することも多かったに違いない。葛藤しながらも日々を送らなくてはならず、私が帰省する数日だけが父の休息で、母が寝たあとに父娘でビールを飲んでは労《ねぎら》いあった。母は、その後、肝臓がんとなり入院。認知症の発症から7年を生きて亡くなった。

母を見送り、その2ヶ月後に東日本大震災。実家の周辺も被災し計画停電で不自由な暮らしの最中に、これまでの疲れもあってか、今度は78歳の父が脳梗塞で倒れた。脳神経外科で治療後、温泉病院での長いリハビリを経て、兄の新居に迎えられた父のもとへ、私はまた通うことになった。父は左に麻痺が残り車椅子での生活。それでも大好きなクルマの運転再開を夢見たり、「あと10年は生きそう」と豪語したり、根拠のない自信と前向きさを漲らせ、ときに兄家族を怒らせたり呆れさせたり。

これまで、ほぼ順調に生きてきた父は、晩年になって思い通りにならない日々を送ることになったけれど、兄の家の日当たりのいいひと部屋を居場所とし、それなりの療養生活。帰省に同行したコウハイは、父の部屋が気に入り、よくふたりで（?）過ごしていた。膝に乗られて戸惑いつつも「猫も静かでいいものだな」と、父はうれしそうだった。

実家と兄の新居は同じ敷地内にあり、庭には父が引き取った我が家の2代目犬・保護犬のくーちゃんがいた。私のクルマが到着すると、昼寝をしていたくーちゃんは、ハッ、として立ち上がって喜んでくれた。その姿に私はたくさん励ましてもらった。

オットとは

10年くらい前、雑誌『クロワッサン』に夫婦で取材してもらったことがある。「片づけられる人、片づけられない人。」という特集で、私たちのページのタイトルは「片づけられない妻と片づけ魔の夫が、仲良く暮らすには」。ふたりの対談が掲載されていて、自らを「分類王」と名乗る血液型A型のオットは「使ったものを元の場所に戻さないのが部屋が片づかない原因」と辛辣。ザッツ雑な、よく言えばおおらかなO型の私は「犬好きだから、もっとゆるい人だと思って結婚したのに、こんなに細かいとは」と言っている。

そうなんです、私が結婚しようと思ったのはオットが犬好きだったからでした。オットの両親は彼が幼い頃に離婚。父子で暮らした時期があり、その間は犬とふたり（？）で留守番の日々だったというオット。相棒は、義父が近所のたばこ屋さんからもらって来た犬で、テリア系の小型犬。名前はロック、ヤングなオス。義父はあちこちから動物をもらって来る人で、犬や猫はもちろん、リスに小鳥、猿やアヒルまでいたことがあり、異種を仲良くさせるのが得意だったらしい。そんなエピソードは遠い星の物語か絵本の中のことのようで、とても新鮮に感じてしまって……。

ついでに言うと、私たちの結婚にあたり両家顔合わせのときに、義父は「僕は将来、どこか無人島にでも移住して猿と自給自足で暮らすつもりです」と言って、私の家族に衝撃を与えた。

結婚後、しばらく住んでいた賃貸マンションを引っ越すことになったとき、次に住む家の第一条件は「ペット可物件」。狭いけれど利便性のいい分譲の中古マンションを見つけ、犬と暮らすことを前提に全面的なリフォームを施した。壁は犬が齧っても大丈夫な自然素材の漆喰《しっくい》（風）クリームを友人たちの手を借りて自分たちで塗り、床は犬の歩きやすさも考慮し、ロシア産の天然の松を張るなど。このように書くとどっしりとした大型犬でも迎えそうな勢いだけれど、引っ越しから2年後にやって来たのは両手で抱き上げると胸に埋まってしまうような小粒の豆柴犬、センパイだった。

オットは義父の血が濃い。どうぶつとは本能と本能で付き合う流儀。センパイが子犬の頃からかわいがっては背中や手足をよく噛んでいた。「飼い犬に噛まれた」は聞いたことがあるけれど「飼い主が犬を噛む」のは聞いたことがない。もちろん、甘噛み程度のことで、「センちゃん、かわいいな～」と愛《め》でているうちにたまらなくなり、つい「ガブガブッ」と噛みたい衝動にかられるらしい。こんな感じなので、センパイと暮らしはじめてから（コウハイが来てからはなおのこと）我が家は何ごともどうぶつファースト。エンゲル係数ならぬ、ワンゲル係数とニャンゲル係数が高い。

我が家の2匹だけでなく、実家の犬・くーちゃんの犬小屋に防寒対策を施したり、友人の猫や近所の犬を預かったり、首輪のついた迷い犬を連れ、近所の一軒一軒を訪ねて飼い主探しをしたり、オットはどうぶつ全般に熱い行動派。誰に対してもフラットで余計な気を遣わない性格だけれど、センパイとコウハイにだけは気遣いを忘れず、「機嫌を損なったかも」と感じたときにはすぐに「ごめん、ごめんね」と謝る。

前出の部屋の片づけに関しては、「分類、整理したがるオットと、それよりも埃《ほこり》が気になる妻」というのが正しいです。オットはセンパイの介護グッズには寛大で、リビングに出したままにしておいても「そっか、センちゃんにとってはここにあったほうがいいもんね」。コウハイが気に入っている段ボール箱やかごを置きっぱなしにしていたり、おもちゃが転がっていたとしても何も言わない。

相手に厳しく自分にやさしい者同士、「目の向く方向がセンパイとコウハイ」というところは一致しています。先日、私に『人生が変わる　紙片づけ！』（ダイヤモンド社）という本を買ってくれたオット、いつか読みます！

第2章

15歳

はじめての絶叫

13歳7ヶ月から腎臓と肝臓の治療を開始したセンパイ。毎日、2回の食餌とともに腎臓の薬を服用しています。そして、月に1度の血液検査、3ヶ月に1回は血圧の測定も。

これまで動物病院ではとても優秀な患者だったセンパイ。飼い主の欲目で実際より2割増かもしれないけれど、診察台でも先生に愛嬌を振りまき、ワクチンや狂犬病の予防接種も「ワン！」と声を出したことがありません。注射の際、暴れる可能性がある心配な犬にはエリザベスカラーを装着するそうだけど、センパイはずっとノーカラーで済んでいたこと、じつは内心、ちょっと自慢でした。

看護師さんにセンパイの身体を押さえてもらい、「飼い主さんは、目と目の間を、超高速で撫でてくださいね。その間に注射をしてしまいますから」という獣医師の言葉に忠実に、私は一生懸命センパイに声をかけながら撫でていると、「ハイ、もう終わりましたよ～」。

先生は言いました、「今年も気づかれませんでしたね～。注射なんて、気がつかないうちに終わって、なんだかわかんないけど褒められているなぁと、犬が気分よくなってくれるのが一番いいんです」。「いやいや、気づかないということはないでしょう？」そう思いながらも、診察室で一同「今年も大成功。よかったね」と、ほっとしたものでした。

しかしセンパイは次第に自己主張をするようになりました。もともと頑固な性格ではあったけれど、この頃から「いやなものはいや！」ときっちりはっきり表明。散歩でも行きたくない道は曲がらない。苦手な犬に会うと「うううぅぅぅ～」と小さく低い声で唸るようにもなりました。それまでは、私の陰に隠れて固まるばかりだったのに。

先方が気を悪くしないようにと「すみません～、年取ってきて偏屈になっちゃって～」と私がフォローすると、「年取ったと言わないで！」とジロリ。意思の疎通が明確になって楽しい反面、気難しくなったところを気遣うことが必要になって。

そしてそれは動物病院でも発揮されることに。診察をいやがるようになってきたのです。散歩の延長で遠回りしながら病院に向かい、近づくと「あ。また騙したわね！」とテンション急降下。診察台に乗るも警戒気味。注射の体勢になると「いやー！」と抵抗することもあり。センパイが暴れることを心配して私がナーバスになるので、それがセンパイに伝染し悪循環になることも。そんなこんなで、月に1度の血液検査もなかなかスムーズにはいかなくなり、検査のときは「動物病院に半日預ける」ことに。

午前10時半頃、病院に連れて行き、お迎えは夕方18時頃。その間、診察のよきタイミングで落ち着いてゆっくり検査をしてもらう。そして、迎えに行ったときに検査の結果を聞くのです。

2020年、センパイが15歳になる頃のこと。検査の話がひと区切りついたタイミングで、「ところで……」と先生から切り出された内容に私は驚きました。「センパイちゃん、家で吠えて止まらなくなるようなこと、ありますか」

じつは、病院のバックヤードで過ごしている間、ソワソワとあちらこちらを動き回り、壁に向かって吠えて、興奮して失禁したり、看護師さんたちが手に負えない状態になった、と言うのです。そして疲れ果てて眠り、少し落ち着いたかと思うとまたソワソワ歩き出して……と。

にわかに信じがたく「え？　センパイがですか」と聞き返してしまいました。そのようなこと、これまで1度もありません。「吠えるって、絶叫って感じですか」再び尋ねると、「えぇ、そうです」。答えにくそうにする先生や、横にいる看護師さんのげっそりと疲労が滲む表情からも、「これはとても大変な状態だったんだな」と理解できました。

先生は「家でもこのような状態になると、近所にも聞こえるだろうし、困っているだろうな」と私たちを心配してくださっていたよう。犬も高齢になってくると家の中をグルグル歩き回ったり、夜中に吠えたりすると聞いたことがありました。詳しくはわかりませんが、特に日本犬にその症状が多く見られるとか。「認知症でしょうか」と聞くと、「一概には言えません。認知症というよりは、神経系の何かによる症状かな。不安感からのストレスかもしれませんね」。

「これは大変なことになったぞ」私は緊張しながら、センパイを覗くといつもと同じ顔。真っ黒な瞳で私を見上げ「早く帰ろうよ」と言っている。

病院からの帰り道は夕焼けの中を歩く。ご機嫌で足取り軽やか、いつもは苦手な登り坂もさっさかさっさか。元気に歩くセンパイの背中を見ていたら、どんよりとした暗い気持ちも夕日に溶けていくよう。気をつけながら見守るしかないな。もし、家でもそんな状態になったら、そのときは慌てないように、先生の言葉を覚えておこう。

その後も変わりなく過ごし、1ヶ月後の検査も半日預けることになったけれど、そのときは何ごともなく検査もとても順調だったとか。しかし、さらにその1ヶ月後の検査ではまた落ち着かない状態になり、血圧は何度試してもうまく測れず、計測を断念したと。センパイの顔にも疲れが出ていた。

このときふと思いました、「ここまでして、検査をするべきなのかな」。じっくりと向き合って、答えを出さなくてはなりません。血液検査で数値を知ることで、ある程度の健康状態は把握できます。心配な腎臓や肝臓の現状を知る目安です。しかし、センパイに負担をかけてまでもやったほうがいいのかな。人間もどうぶつも、心身ともにすこやかであることが理想なのだから、そう考えると……。

血液検査の結果は、健康的な数値とは言えないものの、センパイにとってはとてもよい結果が続いていた。低空でも安定し、飛距離を延ばしていけますように。よく食べてよく寝て、センパイはゆるゆるよろよろ、今日もそれなりに元気。

ミルミル水を飲む

センパイはもともと水をたくさん飲むほうではありませんでした。ほかの犬と比べ、飲む回数は同じくらいかもしれないけれど、一度に飲む量が少ない。外出先では「まったく」と言っていいほど飲まず、それは子犬の頃から。

健康維持のためには水分摂取を心がけるべきなのはわかってはいたけれど、私自身が水をガブ飲みするのが苦手なこともあり「水、あまり飲みたくないって気持ち、わかるよ」という感じで、なんとなくそのままに。

水をあまり飲まなくても若い頃にはなんの問題もなかったけれど、ここにきてセンパイは腎臓病。水分をたくさん摂って、おしっこが出やすくする必要がある。本を読んだりネットで検索したりすると「部屋を少し暑めにして喉が渇きやすいようにする」「運動をたくさんさせる」「家の中に水が飲める場所をたくさん作っておく」など、対処法が書かれていました。「どうしたらもっと積極的に水を飲むようになるのか」。もっと前からその対策をしっかりやっていたら、状況は変わっていたのか、腎臓病にも罹らなかったのか。答えは出ないのに、つい考えてしまったり。

これまで我が家では、動物たちの水飲み用には野田琺瑯《ほうろう》の直径20センチのボウルを使っていた。センパイには大きめだったけれど、猫のコウハイもいることだし、2匹用ということでこのサイズに。シンプルでリビングにも自然になじむところがお気に入り。しかし、最近は、目が見えにくくなったセンパイが脚で引っかけ、ボウルをひっくり返すことがあり、水浸しになった床を1日に何度も拭く、というのも珍しくない。そこで、食器を見直すことにしました。

「犬や猫が飲み（食べ）やすく、安定感があり、丈夫で、部屋に置いて浮かないデザイン」これが私が欲しい食器。フードボウルでよいと思っているのは、カリフォルニアの老舗陶器ブランド、バウアーポッタリー社のもの。以前にも使用していたことがあり、おしゃれなフォルムで軽く、使い勝手がよかった。色もきれいで気に入っていました。しかし、少々高価。壊れた（割った）ときのショックが大きい。

はじめから割ることを前提にするのもなんだけど、たぶん割る……。割れればケガの危険性もある。心配しすぎ？　ここのブランドのペット用ボウルには富士山のような形にデザインされたものがあり、それなら安定感があるし、高さも十分あるから水を飲みやすそうではあるのだけれど。

老犬介護の経験が豊富な友人に聞いたりドッググッズのお店をやっている知人にアドバイスをもらったりしつつ、結局は実用性を重視して、もっとも一般的なステンレス製のボウルを使うことに。「犬用食器」「餌入れ」などと検索するとヒットする、昔ながらのごく基本的なタイプのもの。下が広がっていて底に黒いゴムが付いている。これならひっくり返して水をこぼすことや割れることもなさそう。ちなみに私の実家にいた犬たちは「一生一ボウル」で、同じタイプのものをずっと愛用していた。

ここ1年くらい、センパイは目が見えにくくなったことに関係があるのか、食べるときにボウルに顔をグイグイと押し付けるようになった。水分多めの食餌では顔をブンブン振り、ごはんが入ったボウルに頭や顔を強くぶつける。ぶつけても痛くないようにと、ここしばらくプラスチック製の容器を使っていたのです。しかし、プラスチック製は軽くて動いてしまう。私が手でボウルを押さえながら食べさせたりしていたけれど、ある日、先に旅立ったセンパイの同胎のお兄ちゃん・麻呂くんのご家族からプレゼントが届きました。それは麻呂くんが愛用していた食餌用のボウルで、どっしりと重たい作りの陶器でした。お店で見たら「重すぎて使いにくい?」「センパイには大きすぎる?」と思ってしまいそうな物だけれど、使ってみると今のセンパイにはそれがピッタリ。もしかしたら、麻呂くんのご家族も同じような悩みがあり、探したのかな。

水飲み用の容器をあれこれ探していたとき、犬のごはんの専門家でもある前出の友人・ひょうちゃんが言いました。「老犬にはね、飲みやすいように水を置いておくのではなく『こちらから飲ませにいく』と思っていなくちゃ」。おぉ、そうか。そんなふうに思ったことは一度もなかった。2時間に1回とか時間を見計らって、こちらからセンパイの口元に水を運ぶ、のか。飲まぬなら飲ませてみようセンパイちゃん。目からウロコがポロリと剝がれました。

そして「どうしても水を飲まないようだったら……」と、奥の手を教えてくれたのは知人の由貴さん。それは、水にヤクルトミルミルをたらりとたらしたミルミル水。ミルミルの香りと味がほんのりするくらい、3～5倍希釈の薄めの味付けなのだけれど、あら不思議、センパイも本当によく飲むのです。

週に一度来てくれているヤクルトさんにそのことを話すと「じつは、同じことをおっしゃるお客さまがいらっしゃいますよ。人参のような甘みがいいのでしょうかねぇ」。普通のヤクルトでは、好き嫌いが分かれるらしい。酸味があるから？　理由はよくわからないけれど、とにかくミルミルに助けられています。

愛犬のためのアイテムは、犬も人もストレスなく暮らすためのもの。私はこれまで、デザイン性を重視しがちだったけれど、犬の年齢や状態によって臨機応変に対応していくのがいいみたい。犬と状況を注視しつつ、こだわりすぎないこと。先入観を捨てること。老犬との暮らしは、頑固で融通が利かない私の、心の矯正の日々でもある。

椅子の下にハマる

たしか2011年、私がコウハイと出会った動物愛護団体がまだ杉並区にあった頃のこと。訪ねると1匹の老犬がお店の中をゆら～ゆら～。まるで残煙《ざんえん》が漂うかのように歩いていた。

しばらくして「あれ？　視界から消えた」。店内を見渡すと、レジがあるテーブルと商品を陳列している棚の間、わずかな三角の隙間に鼻を突っこんで止まっている。じーーーーっ、ただ固まって立ってる。

ゼンマイが切れて動きを止めた人形のよう。とても不思議な光景で、「ど、どうしたのかな、あの子……」。団体を主宰している友人に尋ねると、「神経からくる症状で、高齢の犬、特に柴犬や和犬のミックスによく見られる」とのこと。「認知症の症状」とひと言で片付けるのには抵抗があるけれど、いわゆるそういうことのよう。

「あそこにもいますよ」目線の先にはもう1匹、壁とケージのわずかな隙間に挟まった犬。身動きがとれないのに困った様子でもなく、なんならそのまま居眠りをはじめてしまいそうなおだやかな表情で。２匹は、東日本大震災で飼い主と離れ離れになったという茶色い和犬のミックス。震災後ずいぶんとさまよっていたようで、福島で保護されたときにはガリガリに痩せ、すでに高齢だった苦労犬。主宰者の趣味かこの団体には老犬が多く、似たような症状の犬に出会ったことが何度かあった。

「これはもしや。あの、ハマり？」テーブルと椅子の間にちんまりと佇んでいる姿を見てそう思ったのはセンパイが14歳の夏。一瞬「どうするんだっけ？」という表情をしたのちに「はっ」と我に返り何ごともなかったかのように歩き出す。とうとうきたか。あのときの2匹の姿が思い出される。センパイも認知症がはじまったのかな。「老犬がハマる」ということを知っていたのでピンと来たけれど、そうでなかったら気にも留めずに流してしまうような些細な出来事。

その少し前、かかりつけの獣医師に「センパイちゃんは目があまり見えていないのでは?」と言われた。眼科に特化した動物病院に行くことも選択肢にあったけれど、痛みや苦しみがないのなら、自然の老化現象として受け止め、積極的な治療はしないと決めていた。なので佇んでいるのも「目が見えにくいことによる行動かな」とも考えたけれど、どうやらそうでもなさそうな。

ここで、センパイの目について触れておきます。老犬の中には目が白濁する白内障になる犬が多くいます。緑内障になる犬も。センパイには見た目にまだなんの変化もなかったけれど、家の中にいてときどきドアにぶつかったり、散歩でも塀や街路樹ギリギリを歩くようになった。また、立ち止まっている人影に怯えることも。それまではなかったことで、観察していると気配は察知するものの、どうもあまり見えていないよう。

目の治療をすることも考えたけれど、本犬を見ているとそれほど不自由でもなさそうだし、家の中のレイアウトなど環境を変えなければこれまでと同じように暮らしていけるかな、という結論に。治療にかかる費用、苦痛、通院の手間や時間なども考慮し、オットと話し合い決断しました。

この時点でセンパイは耳も遠くなってきていて、ごはんの合図にもなっている夕方5時のチャイムも聞こえなくなっていた。今思えば、耳も遠く目も見えにくくなっていたことが、センパイをよりぼんやりとさせ、認知症にしてしまったのだろうか。病院に検査のために半日預けたときに取り乱し鳴き続けたというのも、前兆だったと言えるかもしれない。

「ひとつずつやってくる現実を素直に受け止め、センパイを支えていく。それが私にできること」と、自分に言い聞かせ、動揺をなだめる日が続く。

さて、テーブルと椅子の間に佇んでいたセンパイは、その椅子の下に入り込み出られないようになったり、使っていない暖房器具にそっと寄り添ったかと思えば、部屋の角の壁に鼻をくっつけて立ち尽くしたり……。そんな姿が頻繁に見られるようになりました。

ハマり具合も進化（?）している感じで、ハマっているセンパイのきょとんとした表情がおもしろくてSNSなどにアップしたりして楽しんでいたら、ある日、獣医師の友人からメッセージが届きました。彼が開業している動物病院は我が家からは少し離れた場所にあるので通院は難しいものの、獣医師として、また私たち夫婦の友人という立場でもセカンドオピニオンとしてあれこれ相談に乗ってもらえる頼りになる存在。「こんなものがあるんです。試してみるのもいいかもしれません」そう言って教えてくれたのは、アクティベートというサプリメントでした。「脳の健康をサポートする栄養補助食品」とのこと。信頼している人からのアドバイスだし「現在飲んでいる薬とも併用できて、副作用はない」とのことだったので飲ませてみることに。

はっきりとしたことは言えないけれど、センパイの場合、失敗しがちだったトイレをちゃんとシートにするようになったり、生活のリズムが崩れにくくもなったりと、一時的かもしれないけれど効果があるような気がしています（あくまでもこのサプリメントは認知症を改善するものではなく、認知機能の改善に期待できるものということです）。しばらく続けてみることにしました。

最近では、ハマりも頻繁。たいていは自分で抜け出せるけれど、どうすることもできなくて鳴いて助けを呼ぶことも。そんなときにいち早く出動するのは弟猫のコウハイ。「ねえたん、どうした?」と、その場に駆けつけて応援しているだけだけれど、センパイ救助隊として大活躍。頼りになる。

センパイはハマってもかわいい！

ドライブ嫌いになる

コロナ禍も収まったかのように思えた２０２１年10月、神奈川県葉山町に1泊で出かけることにしました。夏のシーズンが過ぎて静けさが戻った海辺の町、久しぶりに会う知人や友人と、好きなお店でお酒を飲んだりごはんを食べたり。いつもよりゆっくり過ごしたいと計画したのです。

葉山には以前からお世話になっているドッグシッターの友人の大澤さんもいる。センパイとコウハイは彼女に預けることにした（我が家のフローリングにマットを敷くように提案してくれた彼女は、我が家の近所から葉山に引っ越していた）。長年、２匹をよく知ってくれているので安心。事前にセンパイとコウハイに会いに来てもらい、最近の様子、家でどんなふうに過ごしているか、生活習慣、食餌の詳細など、事前に打ち合わせも済ませて準備万端。

我が家のドライバーは私、ワンオペ。片道は約1時間。オットと、センパイとコウハイをクルマに乗せて葉山に行き、まずは2匹を大澤さん宅に送り届ける。それから人間は宿泊予定のホテルへ。翌日はお昼前後に2匹をピックアップして東京へ戻る。犬猫連れなので予定はあまり入れられない。それでも葉山まで行くなら横須賀の美術館まで足を延ばそうか、鎌倉に寄りたいお店があるなぁ、など。ステイホームの反動か、つい欲張りになり久しぶりの小旅行を楽しみにしていた。

センパイはクルマで出かけることが大好き。これまでにも都内の大きな公園やカフェ、近郊の海や山など、さまざまな場所に行った。ケージに入れると「あ、寝ていればいいのね」と眠りはじめるし、オットが同乗しているときにはおとなしく膝の上で抱っこされいて、いずれもご機嫌。葉山には私とセンパイ、ひとりと1匹で何度も出かけている。眠っていても目的地に近くなると「もうすぐかな?」と目を覚ますほど慣れていた。

「犬と猫とクルマで出かけます」そう言うと、よく質問されるのが「猫も? 猫を移動させて大丈夫ですか?」。コウハイの場合、クルマに乗せるときには身体をおおうタイプのハーネスに長めのリードを付け、シートベルトで固定できるソフトケージの中に入れています(ケージにはリードをつなぐフック付き)。はじめは不安そうに鳴いていたものの、次第に「センパイと一緒なら平気!」になって、最近はケージから顔を出して外を眺める余裕も。

これまで、私の実家がある栃木県の那須地方には何度も通った。それはセンパイが子犬の頃からで、コウハイが来てからはコウハイも一緒。実家の両親は私たちの帰省を「民族の大移動」と言って笑っていた。センパイとコウハイは、父や母、兄の家族にもかわいがってもらって甘やかされて、そこも含めて、ドライブがいい思い出になっているはず。オットの故郷・石川県金沢市へのロングドライブも何度か経験済み。突然の大雪に遭難寸前となったとき、センパイだけが雪の中をジャンプするように歩いて楽しそうにしていたっけ。

いよいよ出かける日となりました。朝から降っていた雨もやみ、荷物とオットと動物たちを積み、出発！　センパイはオットの膝で眠り、コウハイは後部座席でケージイン。いつもどおり……のはずだった。

家の前の通りをゆっくり走り、ガッタンガタン、最寄り駅付近の踏み切りを渡ったあたりから、なんだかセンパイが落ち着かなくなった。「踏み切りの段差の揺れに驚いた？」そう軽く考えていたけれど、立ち上がろうとしたり、次第に「フンフン」と小さな声を出すように。なんとかなだめようと、オットは声をかけたり、抱っこの向きを変えたりしてみるものの鎮まる気配はなし。気分を変えようと、コンビニの駐車場にクルマを止めて様子を見ていると、少し落ち着きました。

「そろそろ大丈夫かな」と、再度クルマを走らせると、今度は大声で叫び出したのです。

狭い車内で、声を上げながらオットの膝の上でバタバタと暴れ出すセンパイ……。抑止できないほどで、もう、これ以上は難しいかも。「センパイに無理をさせてはいけない」そう思いました。それくらいセンパイの抵抗が必死なのです。

「高速に乗る前に決断しなければ」と、結局、出かけるのを断念し途中で引き返すことに。出発して30分経っていたかどうか。どんよりとした気持ちでUターン、センパイを刺激しないよう静かな運転を心がけた。家の近くまで戻った頃にはセンパイも落ち着きを取り戻し、「さっきのはなんだったの?」。

そうなると、つい甘いことを考えてしまうのは私たちの浅はかさ。「もしかしたら、さっきのは気の迷いで、落ち着いたからもう大丈夫なんじゃないかな?」「このまま行けちゃうんじゃない?」。再度、気を取り直し、またクルマを葉山に向けてみる。「ん?大丈夫かも!」しかし、しばらくするとまた絶叫。明るい兆しは一瞬で砕かれた。ああ無情。

マンションの前にクルマを止めて、まずはセンパイとコウハイを部屋に運び、それから、1泊分とはいえそこそこの量があった荷物を運び込む。さっき出かけたのにもう帰ってきちゃった。家に着いたら、ホテルにキャンセルの連絡。はい、もちろんキャンセル料金を支払います……。

そして、ドッグシッターの友人・大澤さんにも電話をし顚末を報告しました。すると、私の声がよほど落ち込んでいたのか「センコウちゃんたちのために時間を空けておいたから、今からそっちに行きましょうか？　2匹と留守番しているから、人間だけでも、葉山に行って夜ごはんを食べてきたら？」と提案してくれました。プロにセンパイを観察してもらういい機会かもしれないと、そうさせてもらうことにした。

葉山についた頃にはもう夕方。海もあまり見えなかったし、1泊のはずがほんの数時間の滞在になってしまったけれど、よい気分転換にはなった。私たちが帰宅した22時頃までシッターとして家にいてくれた大澤さんに感謝。

センパイはいつものようにごはんを食べて散歩もしてもらい、変わらない時間を過ごしていたそう。その夜も翌日も普段どおり。「あれはなんだったのかな。夢だったのかも？」

思い返せば、この日一番迷惑を被ったのはコウハイでした。センパイの阿鼻叫喚《あびきょうかん》に驚いたのか、完璧に気配を消していたコウハイ、えらかったなぁ！

これまで10年以上、ドライブ中にセンパイがあんなに取り乱したことは一度もなかった。私は日が過ぎると「あれは、たまたまあの日だけのことだったのかもしれない」と思うようになった。心のどこかで、センパイがクルマに乗れなくなったのを認めたくなかった。

そこで、今度は都内の少し離れた友人の動物病院に連れて行くことに（コウハイは留守番です）。すると、出発して10分ほどで落ち着かなくなり、叫び出し……。すぐにクルマを止めて、センパイはオットと歩いて帰宅、という顚末。やっぱり無理みたい。センパイとクルマで出かけることはもうできそうにない。そう思うと寂しいけれど、受け入れなくては。あきらめの悪い私に付き合わせて、申し訳ないことをしてしまった。

目があまり見えなくなって、遠くに出かけることが不安？　犬によっては年を取ると三半規管が弱ることがあるそうで、センパイも？　クルマが動くと気持ち悪くなるのかな？　真相は解明されていませんが、老犬との暮らしは変化や刺激を求めずに、いつもの日々を淡々と過ごすのがいいのだと、あらためて心に留めた。何か新しいことに挑戦するとか、まだ行ったことがないところへ行こうとするのではなく、家の窓から入る風に春の柔らかさを感じたり、いつもの近所の公園で咲いた花の香りを嗅いだり。遠く広い世界より足元の景色を見つめる日々にしていこう。センパイの歩調に足並みを揃えて、ゆっくり時間を味わおう。センパイおばあちゃんとの暮らし、些細なこともていねいに。

深夜のグル活も安心

「センパイ、こんなに健脚だったの？」おばあちゃんとなったセンパイと暮らして、そう思っている。なにせ「さんぽ嫌い」として有名だったのだから。それは子犬の頃から、毎回、まずは歩きはじめるまでに延々と時間がかかり、やっと歩いたと思ったらすぐに立ち止まる。前方から犬が歩いてくれれば、通り過ぎるまで固まって気配を消す。草むらではいつまでも匂いを嗅いでのらりくらり……。今思えば、私たちの歩かせ方（ハンドリング）がよくなかったのだと考えたりもするけれど、歩こうとせず、道で立ち往生しているセンパイは近所でも有名でした。

通りすがりに「どうしたの？」と聞いてくれる人もいて、「さんぽがあまり好きではないようなんです」言い訳のように私が言うと、「え〜、そんな犬いるの？」と不思議がられたり笑われたり。それがここ1年ほど、足並み軽く歩くようになりました。とはいえ、スロースターターぶりは相変わらず。家を出て、近くの広場までは抱っこ。広場に着いたら地面に降ろして、気持ちがアガるように声をかけながらアイドリングＯＫになるのを待っています。

歩き出してからはサクサク進む。後ろ脚の動きがよくないのか、少しだけピョンピョンと跳ねるような歩き方。目が見えづらくなってからは、大きな影に驚いて立ち止まったりすることがあるけれど、基本テンポよく歩く。「もっとゆっくりでもいいんだよ」そう声をかけてみるものの、彼女なりの歩きやすいスピードがあるみたい。ゆっくりだと止まってしまう？　今のところ、さんぽは朝と夜の2回。15～20分ほど、同じコースを歩きます。以前は「変化があるほうが刺激になっていいかな」と、歩くコースを変えていたけれど、目や耳がおぼろげになってからは、慣れた道を行くようにしています。

センパイは、ひとりで遊ぶことやなんとなくのんびりしている、ということができなくなった。睡眠も長くて4時間くらい。目を覚ますと部屋中を歩き回る。極端な言い方をすると4時間眠り2時間部屋をグルグル歩く、それを繰り返す生活。認知症が進んでくると、昼夜の生活サイクルが崩れてくるそうで、センパイもそうなのかな。

センパイが部屋中をグルグル歩き続けることを、我が家では「グル活」（グルグル活動）と呼んでいる。センパイは「グルマー」。本当によく歩く。「脚腰が鍛えられていいね！」と言っているけれど、本当のところはどう？　「歩く」と「ハマる」がセットの今日この頃。

部屋の隅や壁とソファの間、立て掛けてある大きな鏡の裏、椅子やテーブルの脚……。

あらゆるところにハマる。センパイは「グルマー」で「ハマラー」。ハマったらずっと立ちすくんでいるので、救出するのが私たちの役目。最近は、オットか私のどちらかは必ず在宅するようにして、ふたり揃って長時間の外出はできなくなりました。困るのは、ひとりで在宅していてお風呂に入るとき。それから深夜。

深夜、ふたりとも眠っている間にセンパイが目を覚ましグル活をはじめます。そしてハマって、助けを呼ぶ声で起こされるのでした。ソファや小さなスツールを片付け、棚を壁にぴったり付けて、リビングや寝室を広い空間だけにしたつもりでも、「ここに？」と、思いもしないところにハマる。箱と箱の間、積んである雑誌と壁の角、ベッドからはみ出した毛布、キッチンに立つ私の右足と左足の間にも。天才的なハマりに泣き笑い。本犬は大真面目。

この状況への対策として導入したのがサークルです。「子ども用のビニールプールの中を歩かせるといいですよ」とアドバイスをいただいたので、何かそのようなモノはないかとネットで検索していたときに見つけたのが「八角形ペットサークル」。ペット連れでキャンプに行くときなどに使用するよう。

ナイロン製でメッシュになっていて通気性もよく、天井を開けておけるのでセンパイとしても「閉じ込められている」という感じがないのでは。軽いので、家じゅうどこにでも簡単に運べるのも都合よし。折りたたみ式で使わないときにはたたんでしまえるのもいい。

「買うならこれでしょう!」というモノは見つけたものの、導入してしまうと「本格的な老犬介護がはじまりました」という雰囲気になりそうで躊躇。しかし、時間は流れていくし、センパイも日々変化する。意味のない抵抗はやめて「いつか使うなら早いほうがいい」。えいっ、ポチりました。

到着し、早速組み立てると、リビングに大きなサークル(直径114センチ、高さ62センチ)が出現しました。ハマったセンパイをすぐに助けられないかもというときに、この中に入れることにした。籐のスツールをサークルの中心に置いたところ、その周りをグルグル歩きはじめました。ここでならスムーズに歩けるみたい。「目が回ったりしない?」と心配したけれど、今のところは大丈夫。夜はサークルをリビングから寝室に移動して、深夜のグル活に備えます。

歩くスイッチが入ったら、センパイは何かに衝き動かされているかのように、ただ黙々と歩く。まっすぐまっすぐ(それでハマります)。獣医師から「家具などに強くぶつかってケガをさせないよう気をつけて」と注意を受けたけれど、サークルのおかげでその心配も軽減できた。

最近はもっぱら介助猫となっているコウハイも多少閉塞感があるサークルが気に入ったよう。サークル内をグルグル歩くセンパイと並走したり、真ん中のスツールに乗って現場監督？　あ、警備かな。ニャルソックしています。

トイレの自由化

センパイは元気です。意外と？　見た目はヤングで、今でも「子犬ですか？」と尋ねられることがしばしば（柴犬だけに）。「いえ、15歳のおばあちゃんなんですよ」そう答えるとき、私は鼻の穴が膨らんでいるかもしれないな。若く見てもらえるのはうれしいこと。前項で書いた「サークルでのグル活」がトレーニングになっているのか、足取り軽く散歩もできている。ゆるやかであっても上り坂では急にスピードダウン、下り坂でも勢いがついて小走りが過ぎると咳き込んだり。後ろ脚がだんだん弱ってきているのは素人の目にもあきらか。マンションの階段は上るのをやめにした。

「高齢でもあるし、何かが起こったときには急激に変化すると思っていてくださいね」と獣医師からは言われているけれど、幸いにも今のところは何も起きず、以前からの低空安定ゆるゆるな日々が続いている。

とはいえ、近頃ではトイレの自由化が著しくなってきた。今となっては、子犬だったセンパイにトイレをどうしつけたか記憶はおぼろげ。ということはそれほど苦労もなかったということか。「外でしかトイレをしないようにすると、天気が悪い日や体調を崩したときにつらいかも」と、リビングの隅にトイレシートを置き「おしっこはここでね」と教えた。それにより、幼い頃から室内外のどちらでも排泄ができる犬になった。

散歩のときにチチチッとする場所もだいたい決まっていて、いつも気持ちよさそうにしていたし、リビングにあるテレビの後ろを置き場所にしているトイレシートでもシャッとスマートに済ませていた。

何か思うところがあったのか、10歳を過ぎた頃から散歩中にトイレをしなくなり、うんちもおしっこも室内のシートでのみ。そして14歳を過ぎた頃にはときどきおしっこがシートからはみ出すように。

見ていると、脚はちゃんとシートの中に着いていておしりだけがはみ出ちゃってる。「そっかー、ちゃんとやってるんだよね！　気持ちはわかるよ！」と理解を示しつつ後片付け（心で泣いた）。それでトイレシートの面積をどんどん広げていった。新聞紙サイズのシートが1枚から2枚、2枚から3枚……。ここ1年くらいは「松の廊下」と呼んでいるくらいの超ロングな滑走路形のトイレスペースになっていた。

しかし最近はそういう問題では済まなくなってきました。気がつくと寝室の隅に直径10センチくらいの丸くて小さなしみ。こ、これは……。リビングやキッチン、玄関にも。見つけたらまず拭いて、ラグの下にトイレシートを敷き、ラグには水をたっぷり吸わせて繊維の奥に入ったおしっこをトントンと叩いてシートに落とし、染み込ませる。臭いも気になるので「動物病院でも使用されています」という強力消臭剤を買い込み、大量に吹きかけてアフターケア。「私、なんだか1日じゅう床を拭いているわ！」とシンデレラのような気分になり、「でも、おしっこが出ないと心配するよりはマシ！」と気を取り直す。

コウハイのトイレに入っておしっこをしていることもありました。さすがに砂かけはしていなかったけど、どういう了見だったのでしょうかッ。

そして……。ある朝、センパイはおねしょをした。正確には、間に合わなかったというか。はじめてのことでショックでした（私が）。明け方にグル活をして、少し疲れたようだったので抱きかかえ、そのまま一緒に私のベッドで眠っていた朝でした。マットや布団を干して、シーツとカバー、タオル類など洗えるものは全部洗濯。そんなことが短期間に3度あり、めげた。

そこで紙パンツの導入を試みることに。じつは、前々から考えてはいたのです。それで予習をしようと老犬介護の経験がある方たちに聞いてみると「案外、犬たちはすんなりと受け入れるものよ」。

しかし私に抵抗がありました。それは母を介護した経験からのこと。同居はしていなかったので、すべてを介護したわけではないけれど、折に触れて世話をしながら母の様子を見ていた。

母の場合、発症から数年後に紙パンツを使用するようになり、「それによって認知症の症状が進んだ」と、家族は感じていた。紙パンツをきっかけに何かをあきらめてしまったのか、それまで母なりに葛藤しながらもなんとか張っていた気持ちの糸がプツリと切れてしまったような……。感情は人間も動物も同じ、センパイもそうなるのではという危惧があった。「いい子だったセンパイが……」という無意識の思い込みやへんなプライドも私にあり、なかなかそれを手放せなかったけれど、現実は残酷でそうも言っていられなくなってきた。勝手に作っていた心の厚い壁は、自分でどんどん崩していかないと老犬と暮らす日々には追いつかない。思い切ってセンパイに紙パンツを買いました。「なんでこんなのつけるの?」という顔のセンパイ。最初は違和感があったようですが、つけて3日目くらいから装着もスムーズになり、ストレスなく使えるように。本犬は顔色ひとつ変えない。「前から使っていたよね？」という感じにすら見えるし「この件に関しては触れないで」というようにも。今のところは早朝のごはんのあとの二度寝の前、おしっこを促してもしないときだけ紙パンツをつけている。摘便もこの頃から。少しずつ試して慣れて（犬も人も）、便通のリズムを保つのに役立った。

食餌のあとや散歩から戻ってきたらトイレに誘い、タイミングよくシートでおしっこやうんちをしてくれたときは「やったー！」と思わず声が出る。その達成感、幸福感たるや。老犬との日々は、こんな戸惑いと悲しみ、喜びとでできている。

氣功の先生が現れて

ゆうかさんから、「折り入ってお話ししたいことがあります」と言われたのは2020年の夏。彼女は氣功《きこう》の先生で、施術をしたり、地域の区民会館などで氣功をベースとした体操教室を開いている。数年前、私が週に1度お手伝いをしていたごはん屋さんのお客さまとして知り合った。拙著も読んでくださっているとのこと。

話とは「もしよかったら、センパイちゃんとコウハイちゃんに、遠隔で氣功の施術をさせてもらえませんか」ということ。は？　氣功？　施術？　え、遠隔？　むむむ？

ゆうかさん、コロナ禍となり「将来、自分が本当にやっていきたいことは？」と考え、「もともと動物好き。今の自分が動物のためにできることは……」と、出した答えが「氣功によって動物の心身を整え、健康を保つための手助けをすること」。動物の施術経験が浅いので、もしよかったらセンパイとコウハイにモニターになってもらえませんか、という申し出だった。

「怪しまれるかもしれませんが」と前置きをしてから、澄んだ瞳をキラキラさせて、真っ直ぐに伝えてくれようとする一生懸命さ、明るくて、やさしく誠実な彼女を信頼し、私は申し出を受けることにした。それから週に1度1時間ほど遠隔で氣功の施術と、2ヶ月に1度（その後、1ヶ月に1度から2週間に1度に）我が家での直接の施術が続いていた。

氣功の詳しい話は後述するとして、ここでは我が家のセンパイ見守り隊、ニャルソック隊長・コウハイのことを。

氣功の遠隔施術をはじめて2ヶ月ほどした頃、2匹に直接施術をしてくれるために、ゆうかさんがはじめて我が家にやって来た。「えっ？」リビングに入りソファに座ってすぐ、彼女が驚いている。そしてみるみる涙目に。一体どうしたのかな。「今、コウちゃんに話しかけられました」。今度は私が驚いて「ええ〜っ！」。

「ねぇ、センパイはいつまで生きるの？」そう聞いてきたそう。そして「ボク、センパイがいなくなっちゃうのがイヤなんだ。寂しくてイヤなんだ」。「それはね、誰にもわからないことなのよ。できるだけ長く一緒にいられるように、みんなでセンパイのことを支えていこうね」ゆうかさんはコウハイの目を見てゆっくり答えてくれました。そしたらまた「センパイのこと、よろしく」。そんなに心配をしていたのね。

「動物と話ができるんですか」気持ちを落ち着かせてから彼女に尋ねると、「今まで犬とは話をすることはあったけれど、猫とははじめてです。自分でも驚いていますが、コウちゃんはお話が上手な猫なのだと思います」。そこで私もゆうかさんに通訳をお願いしました。

「今度、次の誰かを迎えるとしたらどんな子がいい？　犬か猫どっちがいい？」。我が家は2人と2匹暮らしがちょうどいいバランスだけど、「センパイのもしも……」を思うと、残されたコウハイが心配で、「今のうちにもう1匹？」という考えが脳裏をよぎることがあったので。踏ん切りがつかず縁もないまま現在に至る、なのだけれど。

「誰かを迎えるなんて、今は考えられないよ。ずっとこのままがいい」それがコウハイの答えでした。考える余地もなく即答、キッパリ。にわかに信じ難い。けれど、ゆうかさんが伝えてくれる言葉には、確かにコウハイらしさがあって納得できました。

別の日には「ボクは家族を愛してる」と彼女に伝えたというのです。「さすが、文筆をされている人と暮らしている猫はすごいことを言うんですね、感動しました！」とゆうかさん。いえいえ、文筆を生業《なりわい》にしていても「愛してる」なんて言葉、そうそう口に出しません。「コウちゃんは日本語をとても繊細に理解していると思います」とも。子どもっぽいいたずら坊主だとばかり思っていたけれど、コウハイはしっかりした猫格者らしい。そんなことがあってから、出かけるときも「センパイをお願いね」と声をかけ、私は彼を頼りにするようになった。

コウハイはセンパイのグル活がはじまるとサークルの真ん中にあるスツールの上に陣取り、交通整理よろしく尻尾を揺らしてセンパイの歩行を促し、家具にハマっているのを見ると「こっちだよ！」と言っているかのように首についている鈴を鳴らす。センパイのピンチを私たちに教えに来ることもあります。そしてセンパイが眠るときはそっと隣りで添い寝……。なんと献身的な！

ゆうかさんと動物たちは、離れていても気持ちを伝え合えるそうで、コロナ禍の第2波で直接の施術が叶わなかったとき、彼女に「なんで来ないの?」とか「もう来てくれないのかな」と催促のメッセージを送っていたとか。コウハイはとにかくセンパイのことが心配で仕方がないよう。

先日もゆうかさんから連絡があった。「コウハイちゃんから『どうしたらいいかわからない』とメッセージがあったのですが、何かありましたか?」。ピンと来た。

センパイ、15歳8ヶ月、腎臓の薬と認知症のサプリメントを常飲、動物病院で月に1度の診察。従来どおりドッグフードに手作りトッピングのごはんをもりもり食べる。日に2回20分ほどの散歩もこなし、昼寝とグル活に勤しみ、それなりに元気。しかし最近では、グル活で疲れているのにうまく入眠できないことがあり、そんなとき、大声を出すようになっていた。犬らしい「ワンワン」という鳴き方ではなく、遠吠えに近い唸るような低い声色。声量もなかなか。

そんなセンパイを、コウハイは離れた場所からじーーーーっと見つめている。そんなときの表情がまさに「どうしたらいいかわからない」。途方に暮れているような顔をしてるなとは思っていたけれど、私は「センパイが発する声が怖いのかな」と思っていた。「私もゆうかさんみたいに、コウちゃんの言ってることがわかればいいのにね。ごめんね」と伝えてもらうと「べつに大丈夫。だいたいはわかっているみたいだから」とのこと。こんなふうにななめ上からの言い方、そこもコウハイらしい。

コウちゃん、ごめんん。ひとりで思い詰めなくても大丈夫だからね。がんばり過ぎないで。センパイが安心して気持ちよくいられるように、みんなで力を合わせていこう。コウちゃんはコウちゃんらしく、のんびり楽しくしていていいんだからね。私はコウハイに頼り過ぎていたことを、反省し謝った。

お灸は気持ちいい？

♪ぐっすり眠ればいいさ～　ゆっくり休めばいいさ～　明日の朝になればすべてうまくゆくさ～

『猫は、うれしかったことしか覚えていない』（幻冬舎）を出版したときに対談させていただいたミュージシャンの山田稔明さんが歌う「ポチの子守唄」。愛とやさしさが溢れた名曲で、ふと口ずさむことも多い。この曲は山田さんの先代の愛猫・ポチが腎不全を患って闘病していたときに作ったと知ったのは、山田さんがライブでお話しされていたのか本で読んだのか。

「♪満月が君を悩ませる夜は僕がすぐそばで唄ってあげる」という歌詞に「ロマンチックだなぁ！」とうっとり聴いていたけれど、満月になるとポチが大きく体調を崩すことに由来していたそうで、つらい現実を美しい曲に昇華させる山田さん、すごい。

満月の日に出産が増えるとか、月の満ち欠けや潮の満ち干《ひ》きは生物の心身にも影響があることは聞いていた。ポチもそうだったんですね。猫の体調に月の満ち欠けが関係あるなんて。むしろ猫だからより敏感に影響を受けるのか。

5月の末、センパイに変化があった。食欲もあるし、いつも通りといえばそうなのだけれど、どこか動きが鈍く、虚《うつ》ろ。眼差しの中に意志が見えないというか。センパイの芯となる魂が縮んでしまい、瞳の奥の奥のブラックホールの中に隠れてしまった、そんな印象。だるい？　それとも認知症的な症状が進行している？

病院に連れて行こうかと思ったけれど極端な変化はなく「気をつけながら様子を見ていよう」という日が続いた。その頃、ＳＮＳなどで目にしたのが「雨が続いて頭痛がつらい」「天気が悪いと気分も塞ぐ」、そして「低気圧が原因か」。

そう言えば、老犬の体調に低気圧が関係あると聞いたこともあった。幸いにもセンパイはこれまで意識することなくやってきたけれど、老化が進み体力も落ちてくると影響を受けやすくなるのかもしれない。ヤングであれば「ちょっと調子が出ない」程度の感じでも、シニアになると「体調不良」となってしまう。年齢に関係なく、てんかん持ちの犬が気圧が変化するタイミングで発作を起こしたり、台風シーズンになると決まって体調を崩すこともあるらしい。やっぱり、私たち生き物は自然の一部なのだ。それでまた「ポチの子守唄」を思い出し、センパイの寝顔を眺めながら「♪晴れた朝になればすべてうまくゆくさ〜」と歌う。センパイに、というよりは自分に。

となると、ここはやっぱり、天気図を読めなくてはいけないのではないか。「猫が顔を洗うと雨になる」「猫のひげが下がってくると雨」と言われるけれど、我が家の気象予報士としてのコウハイはどうかな。天気について学んだのは中学生のとき。まぁ、ある程度はわかるつもりでいたけれど、「天気図と地形図は深く読み取れ！」、私の脳内でタモリさんがささやきました。

「いいのがあるよ！」そう言って教えてくれたのは、学生時代からの友人。彼女はとても元気だけれど、喘息と頭痛持ち。長年、天気に左右されがちな体調とうまく付き合っている。「便利なアプリがある」と言うのです。その名も「頭痛ーる」。ほぅ、21世紀はなんでもあるなぁ！　情弱な私は驚いたけれど、わりと知られているアプリだそう、早速ダウンロード。

使ってみると1時間ごとに記された気圧グラフを見られる。そして頭痛予報として「やや注意」や「警戒」などと教えてくれる。しかも1週間先まで確認可能で「明後日あたり気をつけたほうがいいかも」などと、心構えもできる。

友人は「低気圧が来るぞ、となったら、その前に身体を冷やさないように気をつけたり、場合によっては温めたりすると、体調を崩さないで済むよ」とも教えてくれました。ちょうどその頃に会った、老犬介護の経験がある知人に話をすると「うちの子も晩年は台風や低気圧で体調を悪くしてたなぁ」と遠い目。そして「そんなとき、お灸で温めてやると気持ちよさそうにしてましたよ」というアドバイスをくれたのです。

お灸……。「お灸って、犬の被毛はどうなるの？」そう思って調べてみると「棒灸」というものを見つけました。お灸がリレーのバトンのような棒状（約20センチ）になっていて、その先に火をつけ、患部から3～5センチ離したところでくゆらせるというやり方。まずは自分の身体で試してみると、お灸が肌から離れていても温かさが体内に染み込んでじんわりしてきました。これなら大丈夫そう。眠っているセンパイの後頭部や背骨に沿って温めてみると、気持ちよさそうに大きな息を吐きました。リラックスしているみたい。

梅雨の時期が過ぎると夏が来て（今年も酷暑だという噂は本当かな）、台風シーズンとなる。季節に影響されやすくなったセンパイの体調の安定が続くよう、まずはアプリの「頭痛ーる」とお灸で今後に臨みます。

それにしてもみんないろんな知恵や知識を持っている。それを惜しみなく伝授してくれて、ありがたいこと。私も老犬介護を通してたくさんのことを経験して学び、誰かの知恵袋になれたらいいな。

母への介護が役に立つ?

「母を介護した経験がなかったら、愛猫の闘病にたくさんの後悔を残したかもしれません」そう話してくれたのは、19歳の猫を看取った理恵さん。『楽しかったね、ありがとう』(幻冬舎)という、長生きして旅立った犬や猫の飼い主さんたちの体験談をまとめた拙著の取材でのこと。「うん、うん。よーくわかります!」理恵さんの体験を伺いながら、何度も頷きました。私にも思い当たることがある。

それは母のことだ。亡くなったのは東日本大震災が起きた年の2011年1月。気がつけばそれからずいぶん時が流れた。闘病期間があり弱っていく姿を見ていたし、どこかで覚悟もしていたからか、亡くなったときの衝撃はあまりなく、しかし、あとあとボディブローのようにきいてきた。数年は想いが波打つことも多かったけれど、気がつけば、いつしか母がいないこの世の中に慣れている私がいる。

センパイは目や耳もおぼろげになってきて、家の中を歩いていても椅子やテーブルにハマる。廊下の行き止まりで途方に暮れて鳴き、助けを呼ぶ。ごはんをこぼしてもうまく拾えず、バランスを崩して転ぶ。夜中に目を覚まし目的なく歩き出す。歳を重ねるとともに介助、そして介護が必要になってきた。すると、センパイとの日々の中でふと母を思い出すことが多くなったのです。

3時間の道のりを運転し、実家に暮らす老親のもとへ行くのは基本、月に1度の1泊2日か2泊3日。数年通ううちに「父と母に、できることはすべてやる」「思いついたことは先延ばしにせず今やる」ことを自分に課した。それは「次に帰省する1ヶ月後、母がどうなっているかわからない」と思っていたから。もしものときに後悔を残したくなかったし、そのためには今の自分ができることをやり切るしかない。それをそのときそのときで積み重ねていくことが、私のやり方と決めた。

実家に泊まった朝は、母がその日に着る服を準備してから母を起こした。着替えはできるところまでは自分でやってもらい、私はボタンを留める、着こなしを整えることなどを介助するようにしていたが、ある日、靴下を前にして母が言った、「これ、どうするんだっけ？」。

どっひゃー！　いよいよ本格的になってきたぞ、昨日まで普通にできていたことが突然できなくなることってあるんだな。その日のコンディションによる？　これが認知症ということなのか。認知できなくなる病気の名前が「認知症」とはこれいかに。唖然とし、同時にとてもショックを受けたけれど、その感情は悟られないように。ショックをいちいち深刻に受け止めていたのでは認知症患者の家族は務まらない。「耳にかぶせるのよ」と私が言うと、「それは違うんじゃないかしら？」と母。

そんなやり取りをしながら次に進むしかないのだけれど、「いつも心にユーモアを」。そこで培われたマインドもまた、センパイとの変化のある現実を受け入れるのに役立っている。

センパイが歯みがきをいやがるようになったとき、母を介護していたときに使っていた口腔ケア用のスポンジがあったことを思い出した。波状の溝が付いた小さなスポンジに、細くて長いプラスチックの軸がついているもの。あれならセンパイにも使えるのでは？

取り寄せて試してみると、思ったとおり。歯ブラシよりは抵抗がないようで、センパイもスムーズに口を開けてくれました。軸の長さが15センチくらいあるので、ケア中に手を噛まれる心配もない。個別包装で衛生的なのもいい。「お母さん、お母さんとの経験がこんなところで役に立ったよ！」思わず、心で母に呼びかけた。

また、最近は、夜、センパイもコウハイも私のベッドで一緒に眠ることが多いけれど、センパイがおしっこをしたくて起き上がろうとして間に合わず、私はそれに眠っていて気がつかず、結果、おねしょをしてしまうことが頻繁になり困っていた。そんなときもまた、母が使っていた部分用防水シーツを思い出して。人間の腰から腿あたりまでをカバーするサイズ、洗濯がしやすい大きさ。防水だけど仰々しさがなく冷たい印象にもならず使いやすい。

老親との暮らしで知ったことや経験したことが、老犬の介助・介護にこれほど活かされ助けられるとは。その経験がなかったら、老いたセンパイを支える私は、今よりももっと臆病でよろよろでぐだぐだめそめそしていたと思う。そして、もうひとつ母の介護で学んだのは、「案外、幕引きは思いもよらないときに突然やって来る」から油断はするな。そのことも私の頭の隅に、こそっと置かれていたりする今日この頃なのでした。

深刻にはならず、心のどこかで「明るく覚悟する」という感じ。お守りのように、覚悟をポケットに入れておくと、センパイにもやさしくなれるような気がしています。

昼夜逆転

先日、センパイとさんぽをしていたときのこと、前から歩いてきたおばあさんに声をかけられた。「失礼だけど、このワンちゃん、若い子……ではないわよねぇ」。「15歳で、夏を過ぎると16歳になります」そう答えると、「うちにいた柴犬は17歳まで生きたのよ」老犬介護の経験もあるそう。

「夜鳴きをするのでね、近所迷惑にならないように、鳴いたらすぐに犬の側に行ってやれるようにね、空襲警報のときみたいに服を着たまま寝てたのよ。でもね、そんなことも今思えば一瞬のことだったわね」。そしてこう続けた、「面倒見てるときはね、この先もずっと続くような気がして大変大変って思いつめていたけれど、振り返るとそれも本当に一瞬。この子、私よりは若いでしょう？　私、94歳よ」。

悩める若造（私のこと）の心の迷いを払拭するに余りある、リアリティ、説得力、そしてやさしさ。老犬を抱え酷暑をどうやり過ごそうか悶々としていた私にとって、絶妙なタイミングで慰められた出来事だった。ほんの数分間の立ち話が神さまからのご褒美のように思えた。

ほとんどの犬にとって、過酷なのは冬の寒さより夏の暑さ。暑さは老犬の体力を奪います。この夏、我が家は「節電」を封印。センパイにやさしい室温を心がけ、ミルミル水とスイカでこまめな水分補給を。それが功を奏してか、食欲も衰えず、オリンピックの喧騒もいずこ、おばあちゃん犬が昼寝をしている間に頭上を静かに夏が流れていく。

さんぽは夜、暑さが落ち着いてから。まっすぐでゆるやかに上りになっている道を選び、ゆっくりゆっくり20分ほど歩いています（普通に歩けば10分もかからない距離ですが）。毎日続けているので一時期よりも歩けるようになっている気さえする。

変化と言えば、私たち介護する側の生活リズムを保つのが少々難しくなり、家じゅうで昼夜逆転気味なこと。そして夜鳴きもそこそこ。

さんぽに行って夜食を済ませ、センパイの1日は22時頃にいち段落。その後もリビングをグルグルと回遊してはハマったり倒れたりを繰り返し、そのうちにスイッチが切れ、パタリ。寝入った頃合いを見て、お灸をするのが最近のルーティーン。私が眠るのは0時～1時頃で、ベッドに移動するときにセンパイも運び、並んで就寝。

ゴソッ、ゴソゴソと横になったままのセンパイが前脚でシーツを掻いて動き出し、私が目を覚ます。時計を見ると午前2時。眠るか歩くか、センパイの動きは2択。起き出すと歩くしかないので、寝室に運んでおいたサークルにイン。真夜中の孤独なウォーカーとなる。

角も隅もないサークルの中なのに天才的にハマったり倒れたりして、「くーーん」といたいけな声を漏らし、ときに「ワン！」と大きな声で助けを呼ぶ。そのたびに起きてセンパイを救助し、少し様子を見てまた眠る。行動を制しようとするとより大きな声で鳴き出すので、センパイが動きたいようにするしか術《すべ》はない。ときには気分転換にリビングを歩かせたり、ベランダで風に吹かれてみたり。3時過ぎには様子を窺っていたコウハイも起きてきて「そろそろ朝ごはんニャ？」。

ごはんを食べて水分補給、顔を拭き、トイレのあれこれを済ませる。それで落ち着いて眠ってくれることもあれば、まだまだ元気に歩き続けることもある。眠っても長時間寝てくれることは稀で、歩いて寝て、寝て歩いての繰り返し。やがて小鳥の声が聞こえ藍色の空が明るくなって、コウハイは窓辺でバードウォッチングの時間……。


老犬介護の大変なことのひとつは睡眠不足が続くこと。オットと協力しながら向き合えるのは救いだし、全然眠れないわけではないけれど、たっぷり睡眠派の私にとってはなかなかのダメージ。でも、在宅で仕事ができるので時間の融通が利くのはありがたいこと。これでオフィスに定時出勤だったら、働き方を変えなければならなかったかもしれない。

なんとか眠ろうと思っても、なかなか眠れないこともあり、そんなときには読書か、俳句を考えたり、足首や膝を動かし軽いストレッチをしながらやり過ごすことも。天井と自分を見つめる時間が増えている。

夜中、何かに憑かれたかのように活発だったセンパイは、朝になると疲れ果てて眠る。それからは思い出したようにときどき目を覚ましつつ午後まで睡眠。すぐ近くで掃除機をかけても目を覚まさないほどの熟睡。その間に家事やマストの仕事を片付ける。

私は、出かけても用を済ませたら直帰。いつも心に引っかかりがあり、どこかザワザワ落ち着かない。散漫。元気だけれど常に身体のどこかが眠い。ときに「解き放たれたい！」と思うけれど、そのときとは……。

２０２１年の夏はコロナ禍ということもあり、忘れられない日々となることでしょう。センパイは転ぶし、ぶつかるし、ハマるし、見え方も聞こえ方も以前とは違っているけど、そんなの全然気にしてないよう。センパイはセンパイらしく、頑固にかわいく生きている。一瞬の夏、って思うときが来るのかなぁ、いつか。

「老犬にとって大切なのは、水分と筋肉と、不安にさせないこと」これが私の、夏の自由研究の結論です。

第3章

16歳

介助から介護へ

2021年9月、センパイ、16歳になりました。鈍感力を発揮しのびのびゆるゆる生きている、と思っていましたが「働き者で繊細、緻密な乙女座」です。鈍感でゆるゆるなのは飼い主のほう、センパイはずっと前から注意深くそっと私を支えてくれていた。

そしてコウハイは11歳、今年もめでたい。

大好きなケーキとクッキー（犬も人も食べられる）を並べ、記念撮影。今回は少し様子が違った。これまでは「ニャンでこんなことするの？」と、付き合ってくれるもいやいや感満載のコウハイの、機嫌をとりながらの撮影だった。早く食べたくてソワソワしてしまうことはあるものの、まずは「撮ってからでしょ？」と余裕のセンパイにスタンバイしてもらい、準備万端整ったところにコウハイを連れてきて一瞬のカシャ、だった。

それが逆転。コウハイがセンパイをリードし、スタンバイも先に「ボクはここにいればいいよね？」。センパイは長く座っていられないので、ちょっと壁にもたれる感じにしてパチリ。目も耳もおぼろげなので「撮るよー！」「こっちだよ」の声かけも効果は薄い。それでもこれまでの勘を利かせてくれて、なんとか今年の1枚となった。毎年同じことをしていると、定点観測のようでもあり、前年との違いも見えておもしろい。

16歳になったセンパイは1年前より体調がよさそう。血液検査で腎臓と肝臓の数値を指摘され、治療をはじめたのは2年半前、定期的な通院、検査は続いています。飛行高度は徐々に落ち、低空になっているけれど、処方箋も変わらず、検査の結果も大きな変化がないのは何よりのこと。氣功をやってもらったり、私の自己流お灸もいいみたい。

食生活も影響しているように感じる。友人の犬ごはん研究家・ひょうちゃん（俵森朋子さん）に定期的にカウンセリングを受けて、1月に指摘されたのは水分不足。「センパイの体内、カラカラだよ！」。水の飲ませ方、何をどう飲ませたらいいかを教えてもらった。それと頭部に滞っている気と血を流すマッサージをすることと、心臓のケアのために週に1度、生の卵黄を食べさせること。

8月に診てもらったときには、脳によい糖質（はちみつ、甘酒、黒糖、ごはんなど）や、身体のむくみを取るために、利尿作用がある小豆粉とか小指の爪ほどの梅干しの摂取についてアドバイスを受けた。私は忘れることも多く、思い出しては摂取させたりとややゆるめな感じではあるけれど、ほぼほぼ継続できているので効果が出ているのではないかと（これは個体差や体調にもよりますので、どの犬にも効果があるというわけではありません。俵森さんの著書を読んで、参考にしてください）。

1年前のセンパイは五感に膜が張られているようで、どこかぼんやりしていて視点も定まらず（見えないからというのもあるのだろうけど）、声をかけても反応が鈍く、これが認知症ということなのかと半ばあきらめていました。しかし、今年の春頃から瞳も澄んで、私のこともちゃんと見ようとしてくれます。伝えたいことをしっかり伝え、私が言うことも確実に理解できるようになっている（ような気がします）。

9月に入り、涼しいと感じる日が多くなって「なんとか無事に夏を越せたかな、センパイも16歳になれそうだ」と思えました。酷暑の時期は特に「何が起こるかわからない」と構えて過ごす日々。子犬から大人へと誕生日を迎えることが楽しみで喜びでしかなかった頃を経て、13歳くらいからは一歳一歳が貴重で奇跡で、感慨深い。「来年もお祝いできるかな、できるといいな、できるよね、できますように」と、四段活用形のように呟いて……。

最近、自分で気づいたことがある。それは、センパイのトイレシートや紙パンツ、フードをつい多めに買ってしまうこと。シートは80枚より120枚のパック、フードは1・8キロより4・2キロ入り。「ストックしていてもし何か変化があったら」「事情が変わり無駄になる、なんてことがあるかも」ふと頭をよぎる少し先の未来、それを振り払うように「えいっ！」と大容量を選び、ひとつよりふたつ、ちょっとだけ多めに。

これは願いであり祈り。「無事に使い切れますように」「使い切るまでは平穏でありますように」と、願いを込めて。マラソン選手が道端の電柱一本一本を目標として走るように、フードひと袋分ずつの無事を、小さく祈り重ねる今日この頃。何かどこか心細くて不安で、ほんわりと願掛けのようなことに頼りたくなる私。

なーんて思ってしみじみしていたら、今朝は6時すぎにセンパイの絶叫で起こされた。これまではハマったり倒れたりして「なんとかしてーー！」とあきらかに理由があっての訴えだったのに、今朝はただただ叫喚。どうにも収まらず、こびり付いた眠たさを振り払いながら、あたふた……。

頭痛予報アプリ「頭痛ーる」で調べたら、センパイが荒れた時間帯にちょうど気圧が急上昇する予報になっていたので、原因はそれかな。頭が痛かったのか気持ちが悪かったのか。なんとか落ち着きやっと寝たセンパイは、かわいい寝息を立てて絶叫悪魔からスヤスヤ天使に戻っていた。老犬とはじつに不可解で奥深く、いとおしい生き物ですね。

発作を起こす

晴れた日の午後、洗濯物を取り込もうとベランダにいた私。ふと振り返り部屋の中に視線を投げたとき、それはスローモーションで見えた。モノを揃えるのが大好きな、こだわりたがりのオットが置いている、縦に長い大きなスピーカーがぐわんぐわんと左右に揺れて、今にも倒れるッというところ。その横に動く影が見えた。

「あっ！」洗濯物を放り投げ床に倒れたスピーカーに走り寄ると、陰にセンパイが横たわっていた。下敷きにならなくて本当によかった。目はしっかり開いており、一見、身体にも不自然なところは見当たらなかったので、声をかけながら静かにセンパイを抱き上げた。

手に血がついたので驚いたけれど、どうやら流血は口内から。口内を処置するためにタオルを持ってこようと、物音に驚いて自室から出てきたオットにセンパイを預けたところ、急にピクッ、ピクッ……、大きく震え出した。てんかんの発作のような症状に見える。

わわわ、どうしたらいいのこんなとき。「舌を噛んで切らないように、タオルを口にくわえさせる」とか聞いたことがあるけれど、センパイは歯を食いしばったまま。オットも私もどうしたらいいのかわからず、ただおろろろろ。

「センちゃん、大丈夫よ！」「しっかり！」と声をかけながら「一体何が大丈夫だというのよ」「大丈夫じゃないし、今まさに」と自分にツッこむ私。９割８分動揺しているけれど、残り2分の冷静な私が iPhone を手に動画を撮った。動物病院で先生に見てもらおうと思って。

「あ、止まった」とオットが言ったのは、発作のようなものが起きて3分か、５分が過ぎた頃。体感ではもっと長く感じた。センパイは口元から長いよだれを伸ばし、ただ呆然としている。よかった、止まったのがセンパイの心臓じゃなくて。

その日は月に1度の診察の日。５時半から予約を入れていたけれど、それまで待てずに動物病院に電話、このことを伝える。獣医師からのアドバイスは「今、センパイが落ち着いているのなら何もせずにそっとしていて」。うーん、落ち着いているというかぼんやり、センパイは魂が抜けたようにぽわんとしていた。そして「口内からの流血はしばらくしたら止まるので、これも何もしないこと」。

「このまま変化がないようならば予定どおり予約の時間に来院してください」。いいんですか、今すぐ受診しなくても……。心臓の音に合わせて私の身体も揺れているような気さえする。あぁ、今のは何だったのか。ほんの20分くらいの出来事だった。

日頃、センパイは家の中をよろよろと歩いています。これまではサークルの中をグルグル歩いていたけれど、狭く感じるようになったのか、最近「ここ、いやー！」と異議を申し立てることもある。そこで、近くに私かオットがいるときは、家の中を自由に歩かせていた。自立して歩くのは5歩くらい。あとは壁をつたって歩いたり、家具やクッションの周りを寄りかかるように歩いたり。昼寝から目覚めて夕方のごはんまでが活発になる時間で、その日もマイペースにリビング散歩を楽しんでいたときに、何かの拍子でバランスを崩し、そのままおっとっとっと〜と片足ケンケンで進んでスピーカーにぶつかり、スピーカーが倒れた。5キロにも満たないセンパイが倒してしまうとは。東日本大震災の揺れでも倒れなかったので油断していた。

獣医師からは言われていたのです。「せっかくここまで健康を維持して暮らしてきたのに、つまらない事故やケガで命を縮めることがないように気をつけてくださいね」。飼い主にとって、そんな最期が一番後悔を残すのだそう。それで「サークルを買いました」と報告したら、「それなら安全ですね」と喜んでくれていたところだったのに。

流血も治まり平静を取り戻したように見えるセンパイを抱いて、ゆっくり20分ほど歩いて病院へ。到着してしばらくすると、動物たちの気配を感じてか、また待合室や診察室で大きな声で叫んだり、これまでにない昂《たかぶ》りが。衝撃の大きさを実感した。

「てんかんとは断定できないけれど、神経からくる発作」。動画を見せたら、発作の中ではごく軽い症状とのこと。今後、今回のことがきっかけとなり、同じような発作が起こる可能性があるし、このまま1度きりのことになるかもわからない。気をつけながら見守り、起きたときには迅速に対処・治療していくことになった。

今度発作が起きたときの対処法を聞きました。先生の答えは意外なもので「何もしないこと」。発作中は脳の神経をこれ以上刺激しないようにするのが大事とか。そのため声もかけない。家具などに頭や身体をぶつけると危ないので、ふわふわのクッションをいくつか準備しておき、身体の周囲にポン、ポンと投げ置き、ガードする。顔の周りに手を置くと噛まれることもあるから触らないこと。ただ治まるのを待つ。たいていは5分以内で落ち着き、それで死に至ることはごくごく稀だそう。

体重を測ってもらうと4・4キロ。昨日家で測ったときは4・8キロだったのに、このショックで400グラムも減ってしまったのかな。そんなことってある？　それほど身体に負担があったということか。以前からじわじわと少しずつ減り続けている体重が気がかり。

老犬（猫）介護の経験がある人たちからは「突然、発作が起きた」なんてことを聞いたことはあった。聞きながら「うちもそんなことが起こったらどうしたらいいんだろう、うまく処置できる自信はないなぁ。そんなことになったら私のほうが心臓止まってしまうかも」なんてふんわり思っていたけれど、それがとうとう現実に。わかったことは、センパイが発作を起こしても私の心臓は止まらないということ。これからも覚悟と度胸で乗り越えるしかないのだな。

翌日は氣功の施術がありました。犬や猫と話ができる先生・ゆうかさん曰く、センパイは「昨日は驚くことがあって、すごく疲れてる」と訴えたそうで、施術中もすやすや。あれから幸いにも発作は起きず、体重は100グラム増えた。

補助カートはじめました

ある日ツイッターを見ていると、旧知の柴田部長（京都在住の柴犬。本名・柴田すばる）の投稿に「おおっ！」となった。すばるくんは保護犬で、柴犬にして老舗和紙舗の広報部長も務めるスター犬。会ったこともある。暮らすところは違えども何かと刺激をもらう頼れるご同輩犬。そのすばるくんが、犬の車椅子ともいわれる歩行補助カートに乗り外をビュンビュンと走っているではありませんか。「いつかは……」と思っていたのです。少し前に比べて転ぶことが増え、後ろ脚が弱ってきているのはあきらかなセンパイ。しかしその「いつか」がいつなのか、決めかねていた。「まだ歩けるのにカートを使ってしまうと、動く脚もすぐ動かなくなってしまうのではないか」と心配したり、「安いものではないので失敗はできない」と慎重にもなって。

こういうことをいつも的確に判断し、実行力があるすばるくん（というか、飼い主さん）。やはり、カート問題もサクッと乗り越えていました。そこでアドバイスを乞うと「ときどき使うくらいでも、早いうちから慣らしておくのもいいと思いますよ〜」。その言葉に背中を押され、私も導入する決心がついた。

ピンクやイエローなどカラフルでおしゃれなものもあれば、頑丈そうだったり、とにかくシンプルな作りのものも。歩行補助カートはいろいろあった。見た目も重視したいところだけれど、何よりもセンパイが無理なく楽しく使えるものがいい。身体に負担がなく立っていられたり、ひとりでも転ばずに歩けたらいいな。

調べて検討し、センパイの状況や我が家のお財布事情に一番フィットしている（と思われる）、良心的な工房に問い合わせをすることに。柴田すばる号を製作した工房・バックヤードファクトリー「ぶる」（以下、ＢＦぶる）さんです。まずは１ヶ月のお試し期間があり、その後、購入するかリースにするか、返却するかを決められるというシステムにも安心感がありました。

事情を伝え、指定された９ヶ所のサイズを測り提出。約２週間後にカートがやって来た！　骨組みはアルミ、手に取って驚いたのはとても軽量なこと。センパイを抱っこしたまま、片手でカートを軽々持てる。これなら近所の公園までとかの移動も苦にならない。濡れても平気。

はじめは戸惑っていたけれど、少しずつ慣らすとトコトコと歩みを進めるようになったセンパイ。普段から身体が左に偏りがちなところが、カートに乗せるとより顕著に。動画を撮ってＢＦぶるの木皮さんに相談すると「もっと後ろに重心がくるように乗せてみてください。もしサイズが合わなかったら付属のマジックテープで調整するといいですよ」。

なるほど、やってみると確かにいい感じ。サイズの調整がマジックテープの伸縮でできるのはありがたい。老犬は不思議な生き物、その日によって背中の曲がり具合が違ったりするので、それも微調整してうまく合わせられるということにも気づけました。飼い主がカートの扱い方に慣れるのも大事。

二輪にするか四輪にするかでも悩んだけれど、センパイはまだ前脚がしっかり動くので、まずは二輪に。それで転ぶようになったら四輪にカスタマイズしてもらうつもり。すばる先輩の飼い主さんによると「ちゃんと立っていられることで、いい姿勢でごはんが食べられるし、内臓にもいいと思うんです！」。確かに、脚や歩くための補助に加え、暮らし全体の質を高め、健康維持にもつながりますね。

歩行補助カート導入に伴い、リビングの中をもう一度整備した。棚は壁に付け、なくていい家具やクッションは取り払う。そして、壁に沿って床から約50センチ（センパイの頭から足までくらい）に段ボールを貼りこんだ。椅子やテーブルの脚もハカマを穿かせるように段ボール巻きに。入りこんでしまいそうな奥まった場所は板を置いて仕切り、ここにも段ボールを貼り巡らせて。そう、我が家は現在、段ボールハウス。リビングは介護室。

センパイはズンズン歩く。スイッチが入ると、それはもう「使命があって歩いてますッ！」という強い意志さえ感じさせる。あまり見えていないからか壁にもガンガンぶつかります。テーブルの脚にも頭をぶつけたり、椅子の下を通り抜けようとしてハマったり。グルグル歩行は反時計回り。延々と回り続ける様子は、まるでイスラムのスーフィーダンスのよう。なので段ボールは事故防止対策として。
オットと私はトイレに行くにも約50センチの高さの板をまたいで向かう日々、人間と猫の利便性は二の次。老犬介護、いよいよ本格的になってきた。

バックヤードファクトリー「ぶる」
https://bfburu.jimdofree.com

センパイ当番はじまる

「寝る子は育つ」とはよく言ったもので、子犬の頃から寝てばかりいたセンパイ。それはおばあちゃんになった今も。しかし2時間くらいで目が覚めてしまう。長くて3時間。睡眠が浅い？　長時間眠ることができなくなっているよう。この傾向は老人にもあり、重度の認知症の人は1時間でさえ連続して眠ることができなくなるとか。母もそうだった。

夜中、目が覚めたセンパイは本能的に（？）起き上がろうとするけれど、自力では起き上がれなくなってしまい、もがきながら声を出して助けを呼びます。するとそれでスイッチが入ってしまうようで、しばらく鳴き続けるようになってしまった。健康な犬の「ワンワン！」という鳴き声ではなく、低く唸っているような、かと思えば抑揚のない遠吠えのようだったり。この声に「ただ事ではないぞ」とコウハイも駆けつける。

何かを食べさせたり水を飲ませたり、少し歩かせたりと気分転換を図るも効果は薄い。はじめは戸惑い、近所迷惑になるなと途方に暮れたけれど、最近ではそれにも徐々に慣れてきた。「できれば、鳴きのスイッチが入らないようにしたい」そう思い、夜はオットと私のどちらかがセンパイとリビングで過ごすことにしました。1日おきの当番制、センパイのそばで寝袋で寝る。これは睡眠不足で共倒れにならないための対策。そして、介護による疲労が仕事に影響を及ぼさないために。

寝袋は災害を想定し、準備のいいオットが数年前に登山メーカーのものを2セット買い揃えていた。こんな役立ち方をするなんて。何か欲しいものを見つけると、今いらないものでもあれこれと理由をつけてゴリッと買ってしまうオットの病、今回は役に立った。

当番の夜は眠っているセンパイのベッドのすぐ横に寝袋を広げ、睡眠（仮眠）態勢に。

気が向けばコウハイが付き合ってくれる。小さなランタンをひとつ灯したリビング、センパイの寝息を聞きながら天井を見つめていると「似たようなことがあったな」と、思い出したことがありました。

それは母が患っていた肝臓が悪化して入院したときのこと。治療のために入院したものの、認知症でもあったので院内を徘徊してしまい、対応に困った病院から「家族の付き添いを」と要請がありました。それで3ヶ月の間、2人部屋のひとつのベッドに母、もうひとつのベッドに父か私か義姉か母の姉妹が泊まっていた。

病院での夜は早く来て長い。母と病室の窓から見える小児病棟の灯を眺め、私が子どもだった頃の話をした。音楽やラジオをかける気になれず、母の寝息だけをずっと聞いていた時間。夜更け、眠れず心細くなり、小さく「おかあさん」と呟いたら「はい！」と点呼みたいに返事をされてぎょっとした。

白壁の病室の薄暗い中に浮かぶ母の顔、パジャマの色、なぜかずっと枕元にあったハロウィン仕様のスヌーピー。透けて見える母の行く末に不安しかなく、その感情をただ飲み込むしかなかったあの頃。今になって思えば、それが母と私の仕上げのようなひとときだった。

そのときに似た気怠《けだる》くも濃密な空気がセンパイと過ごす夜中のリビングにも漂ってい

る。目覚めたセンパイの世話をしてなんとか寝かしつけ、静寂が戻ったときに、寝不足を嘆き、心の余裕も失《な》くしそうになるけれど、この寝袋ナイトもまた、懐かしく思い出されるときが来るのか。夏、さんぽで会ったおばあさんが立ち話で、老犬介護の経験を「鳴いたらすぐ側に行ってやれるように、空襲警報のときみたいに服を着たまま寝てたのよ」と言っていたけれど、こんな状況だったのかな。午前3時か4時。寝そびれて、頭に浮かんでは消えるつれづれ。やがて漆黒の空が紺青色になり夜明けが来る。思えば、これまであまり見る機会がなかった美しい朝焼けをゆっくり眺めることができるのはセンパイのおかげ。

ひと晩寝袋で寝ただけなのに、翌日、馴染んだ毛布にくるまってベッドで眠るうれしさは格別で、それもまたセンパイが教えてくれたしあわせだ。「育児は育自」というけれど、老犬介護もまた、育てられているという実感がある。

おばあちゃんとなったセンパイとの日々、我慢したりがっかりすることもあるけれど、それを超える成長をもらっている。

音楽療法

センパイ、それなりに安定した日々を過ごしています。何をやっても落ち着かず鳴いてばかりいる、そんな荒れた夜もあるのだけれど。「あぁ、センパイの老化（進化？）がまた一段ステージを上げたなぁ」とため息をついても、その翌日か2日後にはいつものペースに戻る。なので「不調は低気圧の影響だったのかな」と自分をぼんやり納得させてみたり。

「人間でも低気圧で偏頭痛を起こす人がいるように、動物も天候によって頭が痛いとか重く感じるとか、そんな風になるのかもしれませんね。老犬になるとその影響が出やすいのかも」とは、氣功のゆうかさんの見解。センパイの場合、症状が出てしまってからでは何をやってもリカバリーが難しく、また回復に時間がかかる。低気圧予報（「頭痛ーる」というアプリ）を確認しながら「今日は天候が崩れそう」というときに前もってお灸をしたり、湯たんぽで温めたりしておくと、多少振り幅が抑えられるような気がします。何事にも行き当たりばったりで、準備や前もって整えておくことが苦手な私、センパイによって鍛えられています。

「水飲む？」「おしっこかな」「それともうんち？」「抱っこされている姿勢が気に入らない？」調子が悪くなると、あれこれ試すもセンパイを落ち着かせることはできません。「カートには乗りたくない」「寝るのもいや！」と手足をバタバタ、センパイの鳴き声がますます大きく激しくなる夜もある。午前3時の孤独、薄暗いリビングでセンパイを抱きながら途方に暮れる……。

「センちゃんっ！！！」先日、私はつい怒りを滲ませ語気を荒らげてしまった。センパイはとても驚いたよう。鳴くのをやめ、そして悲しそうに私を見た。底まで澄んだ湖に一瞬にして氷が張られた、固い戸惑いの眼差し。

「ごめん。ごめんね、センパイ」何度も謝りました。自己嫌悪、センパイだけでなく自分自身も傷つきました。「アナと雪の女王」のエルサでもあるまいし、大切な存在を凍らせてどうする。

センパイに母が重なりました。母にも同じような目で見つめられたことがあった。認知症の母を世話をしているとき、何度言っても伝わらず「なぜ？　どうしてわからないの？　何度言えばわかってくれるの！」と苛立った気持ちになってしまい、おざなりな態度を取ったり「いい加減にして！」と怒りを口に出してしまったり。そんなときの、私を見つめる母の目がセンパイと同じだったのです。

頭の中ではわかっているのにそれを表現できない、伝えられないもどかしさ、悔しさ、悲しさ。どうしていいかわからないことだらけの迷いの森を彷徨《さまよ》っているのに、味方だと思っている人からの叱責は絶望でしかなかったはずだ。

我に返って謝ると、「大丈夫よ。私、忘れちゃうから。なんでも忘れちゃうの」と寂しそうに笑っていた母、その心細く寂しそうな瞳を10年経った今も忘れられずにいる。「介護中、声を荒らげて好転することはひとつもない」そう学んだはずなのに、私は同じ過ちを繰り返してしまった。

睡眠不足で疲れていたり、気持ちに余裕がないとこんなことになる。普段から心を柔らかく保てるよう、ガス抜きはこまめに。予定はあまり詰め込まず、時間にも余裕を持って過ごすこと。何事にもゆったり構え、やさしく寄り添える寛容な人にならなくちゃ。やっぱり、老犬介護は修行。

そんなことがあり少し落ち込んでいたとき、前出の氣功のゆうかさんが言った。「センパイちゃんは音楽が好きみたいですね」。ここ最近、施術のときに先生が選んだ曲をかけてくれていたのだけれど、センパイの様子が「明らかに違う」とのこと。「リズムやメロディーに気持ちを乗せる」こと、犬にもあるらしい。

それならばと、音楽とともに過ごすことを心がけるようにした。夜中はくつろげるギターやクラシック、昼間のグル活では少し元気が出るような曲を。するとセンパイは音楽に合わせてカートを動かして機嫌がいい（そんな気がする）、入眠も以前よりはスムーズなよう。

これまで長い間、あらゆるジャンルの音楽に浸りながら暮らしていたのに、センパイの介護に追われるうちに、気がつけば音楽を聴く余裕すらなくしていた。我が家（私）に、音楽が戻ってきました。家の中の空気もふわりと変わったような気がします。これも一種の音楽療法？　犬と猫と人、音楽に助けられながら、心の呼吸を止めず固めずおだやかに暮らしていきたい。

いつも強気

「これ、貸してあげる。読むといいと思う。きっと好きだよ」そう言って友だちのおりえちゃんが貸してくれたのは『庭猫スンスンと家猫くまの日日』（小学館）。写真家の安《あ》彦幸枝《びこさちえ》さんが撮り下ろした小さな写真集でした。

猫たちは自分そのままの表情。風景の真ん中にはいつも猫がいて、猫と人との距離が心地いい。ひとつのシーンをゆっくり見たり、猫と散歩をしている気分になってコマ送りみたいにページを速くめくったり、猫や自然やその周辺の人々の暮らしを想像しながら何度も楽しく眺めました。友だちに返したあと自分でもちゃんと買った。ずっとそばに置いておきたい、大切な一冊になる予感。

写真集の巻末には安彦さんによる文章があった。スンスンとくま、それぞれとの出会いから別れまでが端的に、でもていねいに綴られていた。軽い気持ちで読みはじめたけど、どちらの話も別れを予感させるあたりから胸に来るものがあり「そうだ、涙ってこんな味だった」と思い出すほど泣けた。

不思議。なぜ、私はこんなに泣いたのだろう。もちろん内容がすばらしく、スンスンとくまを想って。また、安彦さんの心情を想像したからなのだけれど、もしかしたら、これから来るであろうセンパイとの別れを無意識にダブらせて読んでしまったのかな。常に、頭のどこかにそれがあるから、読んだことで溜まっていた不安や緊張が決壊したのかもしれない。

最近、私はものすごく寝ている。1日おきにセンパイのペースに合わせての「介護当番・寝袋ナイトinリビング」があり、その夜はあまり眠れない。なのでベッドで眠れる日には8〜9時間、それ以上寝続けることもあります（これまでは平均6時間睡眠で7時間眠れたらうれしいな、という感じでした）。それでも眠り足りなくて、隙あらばいつでも寝たい。

そして、よく食べている。これまでは、夕食には少し（？）お酒を飲んで、炭水化物（お米など）を摂らないことが多かった私が、毎日ごはんをおかわりして食べています。それ以外にもおやつに甘いものをバンバン摂取。夜中にココアを飲むことも。受験生か！　それは昨年の秋頃からで「ひいちゃん（母の実家の叔父）が送ってくれる新米がおいしいから食べ過ぎちゃう。食欲の秋だね〜」なんて思っていたけど冬が過ぎてもそのままで、もうすぐ「食欲の春」になる。

ストレス？　老犬介護に必要なエネルギーを養っている？　しかし、我ながらなんだか少しヘン。そこで思い当たるのは「もしかして私は〝転ばぬ先の杖〟を準備しているのかな」ということ。私、受け身の練習ばかりしている柔道部員……？

センパイのもしものときに備えて気力や体力を貯めておこうとしているのかもしれない。いつも満腹でいれば不安や悲しみが鈍く感じるかも。眠っていれば現実逃避ができる。『庭猫スンスンと家猫くまの日日』で大泣きしたのは、涙の前払い、悲しむ予行練習？　「もしものときの衝撃はできるだけ小さく、悲しみはできるだけ浅く」心の奥に潜む本能がそう叫んでいるのか。

冷静になって考えてみると、これはとても失礼ではないか。がんばっているセンパイにとても失礼。センパイは自力で歩けない、ひとりでは何もできないということを受け入れて生きている。たくさん食べて、カートでクルクル回って、毎日けなげに一生懸命。生きることしか考えていないのに、そばにいる私はその先のことを恐れて身構えてばかりだなんて。臆病でセコい、ちっぽけな私よ。

センパイの食べっぷりは相変わらず。なのに筋肉は落ち、身体は丸く硬く小さくなって、骨もごつごつ目立つようになった。あまりにも静かに眠っているときなどはやけに安らかで、「生きてる？」とセンパイに耳を近づけて寝息を確認することもある。明け方の絶叫に悲痛な響きが混じる日には私の心も痛い……。

それでもセンパイはいつも強気です。紙パンツを拒否し、カートに乗りたくなければ「今は乗らないから！」と脚を動かして抵抗。「ヨーグルト、もっとちょうだい！」と催促するときの目力には現役感を滲ませる。ミルミル水を飲ませるときも少し飲んで私をチラ見、「これ、古くない？　水は新鮮なのがおいしいのに」そんな鋭さも健在。センパイはぶれることなく、いつもいつでも強気なセンパイなのでした。

先々のことばかり考え過ぎない、16歳6ヶ月のセンパイのそのままを素直に受け止めて、ひとつひとつのことにできる対処をする。ソウイウモノニワタシハナリタイ。『庭猫スンスンと家猫くまの日日』に出会えてよかった。泣いたぶん、心が軽くなりました。

病院通いにひと区切り

急に気温が上がった午後、センパイはどこかうつろな表情。いつもより水分補給に気をつけてはみるものの、水分過多にならないかなという不安も。先週までは「冷えは大敵！」とフリースを着せていたのに……。この春（２０２２年）は三寒四温が激し過ぎやしませんか。いつもと同じように見える、ふわふわの茶色い被毛に覆われた体内で、一体どんな変化が起きているか。あぁ、とても気になる。

頭痛持ちの友人がいた。天気に左右される体調、ひどいときには寝込むこともある。どこに行くにもお守りのように鎮痛薬を持っていた。天気が崩れるとわかると、もう憂鬱……。そんな彼女を「大変そうだなぁ」と心配しながらも、今思えばどこか他人事《ひとごと》でした。

しかし、センパイがおばあちゃんとなってからは、天候と体調は密接であることを再認識。特に、弱った身体は影響を受けやすい。動物も人間も自然の一部なんですよね。センパイは気圧の変化についていけないようで、夜鳴きが激化。近頃は、夜とはいわず朝や夕方に鳴き続けることも。

「気持ちが不安定になってイライラしたりするのかな」と思っていたけれど、犬も人間と同じように頭痛がしたりだるかったり、肩や首の後ろに凝りを感じたりするようです。身体の不調を訴えたくて鳴いているのかもしれません。それで最近は天気予報を確認しながら、見よう見まねでお灸や指圧の施術を。やり過ぎないように気をつけつつ。すると多少落ち着くような気がして。センパイの様子を見ながらの手探りが続いています。

じつは、これまでの動物病院通いにひとまず区切りを付けることにした。13歳の春に血液検査で腎臓と肝臓がよくないとわかり、以来、腎臓の薬を飲んだり、一時期は肝臓の処方食を食べたりも。途中からは認知症の薬やサプリメントも飲むようになり、併せて定期的な尿検査と血液検査も続けていた。ここ半年はセンパイ自身が受診することは困難となり、先生に近況を伝え薬を処方してもらうのが私の役目となっていた。

この3年間、老化は進行しても病状に大きな変化がなく過ごしてこられたのは、的確な投薬を指導してくれた獣医師のおかげです。

でもある日ふと「この薬をセンパイは死ぬまで飲むのかな」と思ったのでした。完治することはない腎臓病に、著しい進行が見られなかったのは薬の効果があったから。認知症の薬も飲んでいなかったら、もっと早い段階でひどいことになっていたかもしれない。とは言え、センパイがカートに乗ってクルクル回り続けることや鳴き叫ぶことが認知症の症状であるとしたら、もうそれはかなり極まっているのではないかとも思え……。

そういえば、母も認知症の薬を何年も飲んでいた。それを見ていて私は気休めでしかないように感じていたけれど、飲むのを止めたあとにどうなるのかが怖くて言い出せなかった。亡くなった日も昼食後に薬を飲んでいた。思えば、食べることが好きだった母が最後に口にしたのは薬だったのです。

センパイについても、検査や投薬をやめることにもちろん不安はあるけれど、負担になることはせず、できることならば自然に任せるかたちで支えたい。しばらくもやもやと思い悩んでいたけれど、思い切って獣医師にその気持ちを伝え、今後の相談をすることにした。

受診の予約を入れ、センパイの同行も試みた。当日は時間に余裕を持って家を出たけれど、歩いて環線道路を渡ろうとしたときの、突然の絶叫に断念。家に引き返しセンパイを落ち着かせてから、結局、私ひとりでの受診となった。「もしできそうだったら久しぶりに血液検査も」なんて考えていたけれど、やっぱり難しかった。絶叫は、センパイが全力で受診を阻止したかのようにも思えて。

「わかりました、センパイちゃんのおかあさんのお気持ちを尊重します」獣医師にそう言ってもらえたときはほっとした。誤解のないように、率直に慎重に伝えなくてはとずっと緊張していた。この動物病院には、センパイが我が家に来て最初のワクチン接種かちこれまで16年間通った。ひとまず区切りとしたけれどこれが最後ではなく、まだまだお世話になることもあるはず。これからも何が起こるかわからない。センパイの16年間をずっと見てきてくれて、変化を理解してくれている獣医師がいると思うだけでも心強い。

この決断を後悔しないようにしたい。今はまだそれなりに食欲も気力もあるセンパイ、これからは自身の免疫力と体力と、心臓とメンタルの強さをフルに活かせるように支えます。天気図を確認しながらあれこれ工夫します。毎日おいしくごはんが食べられるように、心地よく眠れるように、どこも痛くないように、苦しくないように。

「センおば」写真館

豆柴の中でも小粒だったセンパイ。芯が強くやさしい性格そのままに、かわいいおばあちゃんになりました。

小さかったのでバッグに入れて運ばれて、どこでもよく眠るいい子。

つぶらな瞳で内気、でも食べるときは一変。食いしん坊はこの頃から。

「えっと……」14歳になるとリビングでも迷子になりかけて。それをさりげなく見守るコウハイ。

よろよろと歩き、おっとっとーと座り込んだのはコウハイの爪研ぎ。そのまま2匹で眠ってしまいました。

「センパイがいない」と捜したら、壁と食器棚の隙間に。入らないように置いてたキッチンペーパーに座ってる。神!

椅子の貫が越えられず「どうするんだっけ?」。本犬は困っているけど、その表情がかわいかったなぁ。

大好きな日だまりベッドまで自力で歩いて倒れ込むように横になり眠る。足腰が痩せてきた15歳。

「ねえたんの調子はどうかニャ?」とスンスン嗅いでセンパイの
様子を見るのがコウハイの日課。

HAPPY BIRTHDAY
HAPPY
BIRTHDAY
SENPAI

右上：18歳と13歳の誕生日。センパイの視線はケーキに釘付け、食い意地健在。　右下・左上：コウハイによる介護が強化、眠るときはペッタリくっついて。いつもセンパイのことを気にかけているコウチンゲールでした。　左下：桜、きれいだったね。見えていなかったかもしれないけれど感じてはいたと思う。何度もお花見したね、楽しかったね。

「センパイ、固くてちっちゃくなっちゃった……」。まだひとりっ子に慣れないコウハイです。

カートライフは続く

犬の歩行補助カートについて、センパイのその後を報告します。二輪カートを試乗して2週間が過ぎた頃から、センパイはカートに乗せていても転ぶようになりました。歩いていて勢いがつき、曲がろうとするときに転ぶ。センパイの左後ろ脚が弱ってきているのか。「カートごと転ぶのは危ないなぁ」と思っていたら、友人のひょうちゃんが「亡き愛犬が使っていたカート、よかったら使って！」と届けてくれました。四輪で、センパイを乗せてみたらやや大きいけれども安定し、乗り心地もよさそう。見ているこちらにも安心感があった。そうなのね、やっぱり四輪がいいみたい。

そうこうしているうちにカート到着から1ヶ月が経ちリース期間が終了の時期に。このままリースにするか買い取るか、それとも返却するか……。1年以上使用すると見込めば、買い取った方がお得になるみたい。そこで「使う期間が1日でも長くなりますように」との願いを込めて買い取りを決めた。せっかくなのでカートを1度工房に送り返して、センパイのサイズに合わせて全体をもうひと回り小さく、タイヤも二輪から四輪にリメイクしてほしいと依頼。

2週間後、生まれ変わったセンパイ号が届き、乗せてみると今度は本当にぴったり。四輪になって、カタカタカタとセンパイもゆっくり歩けるようになった。二輪のときは転ばないようにと焦って速足になってしまっていたのかも。今度はスムーズに動けるのが楽しいようで、嫌がる素振りはなく、いつまでもクルクル回っていました。

数ヶ月はいい感じで乗っていたけれど、今度は、首の筋力の低下かセンパイの頭が前傾するようになってきた。どうやら疲れてくると身体に力が入らなくなり背中が丸くなって前のめりになる。それで頭部が下がり、鼻先が床につきそうになっていることも。BFぶるの木皮さんにまた相談。頭部が前に行きすぎないようにする顎乗せバーを付けることを提案してもらいました。後日、パーツと部品と説明書が届き、私が取り付けた。

そしてしばらくするとまた問題発生。センパイは首を左に曲げて反時計回りでカートを走らせていましたが、その姿勢は、人間が車を運転するときに、左を振り返り後方確認しながらバックで左回りしているような感じになっていて、とても走りにくそう。背骨が曲がり、身体も痩せて縮んできたことにも関係するのか。身体が日に日に変化するのは老犬も老人も同じなんですね。そこでまたまた木皮さんに相談して、首が曲がらなくても済むような「振り向きストッパー」を作ってもらって。

経験豊富で、センパイの動きのクセや身体の変化も理解して、どんな小さなことにも試行錯誤してくれる木皮さん、心強かったです。何か問題が起こっても相談できる人がいるという安心感と、カートに取り付ける部品の工夫でなんとか対応できたこと。そして何よりカート自体が軽量で丈夫なことに助けられました。

気をつけていたのはベルトの擦れで脚や股に褥瘡《じょくそう》ができないようにすること。ガーゼやタオルを座布団のように敷いていました。そして、介護あるあるとして、困ったときはまずは100円ショップに助けを求める。カートまわりで役に立ったのは「パイル地伸びるヘアバンド90センチ」。押さえたり、幅を調整したり、クッション代わりにもなりました。

思えば、カートを注文した頃からセンパイの脚は急速に弱っていった。カートがなかったら、もう完全な寝たきり犬になっていたかもしれません。あのタイミングでカートを使うことに決めて本当によかった。カートに乗って動いていることで、夜、よく眠れるようになったセンパイ。夜鳴きも減り、食欲も一段と旺盛。私も自分のことに集中できる時間が作れるようになりました。長時間ではないけれど、仕事、食事や入浴も以前より落ち着いてできるのがうれしい。

センパイ号はカスタマイズを重ねて進化中、これからどんなハイテク（？）カーになるのでしょうか。

メッシュベッドと流動食

6月半ば、急にセンパイが自分のベッドで眠るのを嫌がるようになった。汗もよだれも染みた長年愛用しているベッドなのに。

カートに乗ったまま眠っていたので、そっと抱き上げベッドに移して寝かせたところ、そのまま静かにしていたのはわずかな時間。しばらくすると目を覚まし起き上がろうと手足をバタバタ。それでしばらく抱っこをしてなだめ、カートに乗せるとまた眠りはじめる。ひと晩じゅうその繰り返しで、私の寝不足の原因にもなった。

せっかく眠っているので起こしてしまわないように、カートに乗ったまま長時間寝かせておくことも。「カートに乗せたままにしておくのは、犬の身体に負担になる」とBFぶるの木皮さんにもアドバイスをもらっているけど、今のところは臨機応変に対応していくしかありません。

なぜベッドを嫌がるようになったか考えてみました。あるドッグトレーナーによると、犬は自身が弱ってくると、「横になっていると襲われる」と恐れる習性があり、そのために横になって寝ようとしない、のだそうですが、センパイにそんな野性的な本能が残っていた？　身体を横にするとベッドに当たって痛いところがある？　気管支の具合で寝ると苦しい？　そんな感じでもなさそうなのに。梅雨で急に湿度が上がったこともあり、もしかしてベッドが暑苦しくて嫌になったのかな？

そこで以前から気になっていたメッシュベッドを試してみようかと調べてみました。犬連れでキャンプに行くときなどに使われているようで、スチールフレームを組み立て、ポリエチレンの生地を張るもの。耐久性もあり、見た目は「ドッグベッドサイズの低いトランポリン」という感じ。価格は2000円～1万5000円くらいでさまざま。一番低価格のものをネットで購入したところ、翌日に到着。

私ひとりでもドライバー1本で組み立てられ、軽量。持ち運びもでき、なかなかよさそう。高床式になることで風通しよく湿気も溜まりにくいはず。バスタオルとトイレシートを敷いてセンパイを寝かせてみたところ、戸惑いつつも「まあいいか」という顔をして、そのまま3時間ほどぐっすり。

新しいものに興味津々なコウハイは、「センパイと一緒にベッドに乗りたいのかな？」と思ったら、なんと下に潜り込んで得意気。そう来たか！　猫とはこういう生き物なのですね。

同時期にセンパイはごはんも食べなくなった。これまでも少しずつ食べ方がゆっくりになったり、途中で持て余し気味になり「量が多かったかな」と感じることはあったけれど、これほどに食べないのははじめて。食欲がないというよりは「食べたい気持ちはあるけど口が動かない」というふうにも。

味に飽きた？　脳の働きが鈍くなって口が動かない？　これまでも食べはじめるのに時間がかかることがあり、匂いを嗅がせたり、はちみつを鼻に付けて食欲を刺激してみることはありました。それとも歯が痛いとか口内に問題がある？　水（ミルミル水や酵素を溶かした水）はよく飲んでいる。いただきものの「ちゅ〜るごはん　総合栄養食」を試すと喜びました。あと積極的に食べるのはヨーグルト。

思うように食べない日が2日続いたので、苦肉の策でカロリーメイトを砕いて水に溶いたものを口元へ運んでみました。すると覚醒したかのように鼻を鳴らしながら完食。おなかは空いていたということ。食べたくないのではなく食べられなかったのか。

それからは、従来のドッグフードを多めのぬるま湯か水でふやかしたものを、一度の量を減らし回数を増やして食べさせるようにした。ほかにも、甘酒、コーンスープ、玄米をおかゆにしたものなど、流動食のような水分を多く含んだ柔らかいものが食べやすそう。

人間の赤ちゃん用の離乳食にふやかしたドッグフードを混ぜたり、栄養食のゼリーを食べさせたり、これまで以上に試行錯誤の日々。「食べない」と「眠らない」はいのちに関わることでもあるので、心配も深い。「食べない」ことがこれまで皆無だったセンパイ、食餌で苦労したことはなかったけれど、それはなんと幸いなことだったのかとあらためて感謝しました。

「まずは食べて！」とあれこれとおいしいものを与え過ぎ、今後のハードルをあげてしまった感もありますが、徐々に食欲が戻りつつあります。また、メッシュベッドで長時間眠れるようになり、カートでグルグルできる気力と体力が戻ってきました。

普通にできていたことが突然できなくなる、やらなくなる。何が原因かは明らかではないけれど、急に暑くなり湿度が上がった時期と重なったことを思うと、天候も遠因ではないでしょうか。

夏バテには早過ぎる。本格的な夏を前にして、あらためて高齢犬と酷暑を乗り越える難しさを痛感。今がこんな感じなのだから、梅雨が明けて暑さが本番になれば、またいろんな変化が予想される。センパイの様子を見ながら慌てず急いで対処して、何ごともない日々を重ねられますように。思えば人も、健康であってもなんとなく食欲が落ちることがありますよね。夏、お手やわらかにお願いします。

だいぶ痛かった？

夏も本番となった7月末、その夜のセンパイ当番はオット。私は寝室で眠っていた。「センパイの様子がおかしいんだけど」と起こされたのは午前2時頃。下痢をして、その後呼吸が荒い。ときどき「あー」でも「うー」でもない、文字に書き表せないような平坦な声を発し、口元からはよだれも。目には力があり意識はしっかりしてるよう。

小さく音楽をかけ（最近のセンパイのお気に入りはブルーノ・マーズです）マッサージをしたり、抱っこして声をかけたりなどしていたら少し落ち着いてきた。「熱っぽいんじゃない？」とオットが言い出し、アイスノンで部分的に冷やしてみたりもして。

私たちがあたふたしている横で、コウハイは身体をながーく伸ばして爆睡。いつもはセンパイを心配して世話を焼いているのに。しかしその無防備な寝姿があったおかげで私たちも気持ちがゆるみ、冷静でいられたような気がします。寝ているだけでも役に立つ、猫ってすごい。コウハイありがとう。

「犬は飼い主に心配されるのが嫌い」と何かの本で読み、以来、私は気がかりなことや不安をあまり言葉に出さないようにしている。なにせオットが動物に対して異常な心配性で、こんなときは「大丈夫?」を3分に1度は言う。「どっか痛いの?」「あぁ〜、センちゃ〜ん（半泣き）」と全身全霊で動揺するので、あえて私はどっしり構える（ふり）。

一体どうしちゃったんだろう、センパイ。先月は急に食べなくなったりして戸惑ったものの、あれこれ試すうちにまた食欲は戻っていたのに。全体的にゆるやかに下降気味ながらも現状維持ができていると思っていた。しかし2日ほど前からまた「あまり食べたくないんだけど……」という感じになって、「老犬の食欲は寄せては返す波のよう〜」なんてぼんやり考えていたところ。夕方にめずらしく下痢をした、その夜のことだった。

病院通いは5ヶ月前にいったん卒業したのだけれど、これはやっぱり診てもらったほうがよさそう。夜間診療の往診を頼もうか……。逡巡しているうちに頭をよぎるものがありました。それはつい先日、我が家の数軒先に引っ越してきた動物病院のこと。長年通院していた病院に連れて行きたいと思うものの距離的に難しい（センパイはクルマやバギーに乗るのを嫌がるようになったし、炎天下、抱っこして歩いて行くには遠い）。少し前までは苦にならなかった通院も悲しいかな今となっては無理なのです。しかし、駆け込める近さに病院がやって来た。

9時の開院を待って連絡すると、9時半に診てもらえることになりました。この病院はもともと我が家から歩いて10分ほどの駅前にあり、昨年、コウハイの健康診断をしてもらっていました。このタイミングで近所に引っ越して来てくれるとはありがたい。センパイはやっぱり〝持って〟いる！

ぐったりしたセンパイを抱えて行き、すぐに超音波や血液検査、ホルモン検査などをひと通り。結果は膵炎《すいえん》でした。腎臓と肝臓には注意し、心臓や呼吸器系も気をつけていたけれど、膵炎とは青天の霹靂《へきれき》。私も若き日に1度罹ったことがあるけれどあれは痛かった。私の場合、勤めていた会社を辞めることになったときで、その送別会やらなにやらで暴飲暴食が度を超してのことだった。犬も腹痛を伴う場合があるとのことで、昨夜の状況を思い返すと、センパイ、だいぶ痛かったんだね。私の身体にもあのときの痛みが蘇る。

先月食べなくなって、同じ時期にベッドで眠るのを嫌がるようになったのは、膵炎からくる腹痛や気持ち悪さがあったからなのかも。「急に蒸し暑くなったから？」なんてのんきに構えていた私、脇が甘かった。検査の結果からは、急性か慢性かはわからないけれど老犬の変化には病が潜んでいることがある。

その日は検査のあとに皮下点滴をして帰宅。診察を担当してくださった先生にも、16歳という年齢と今の健康状態とこれまでの経過を説明して十分理解してもらい、しばらくは毎日通院して点滴を受けることに。本来ならば入院して24時間点滴治療をし、2日くらいは絶食して膵臓を休めるのがベターなのだそうだけど。

センパイの場合、食べるようなら食餌も大丈夫とのこと。脂肪を抑えた食生活をすることが大事で、ささみ、馬肉、鹿肉、さつまいも、ジャガイモ、キャベツ……etc.。まずはゆるめの玄米おかゆに茹でてすりおろしたささみを混ぜて食べさせてみました。様子を見ながら回数を分けて少しずつ。今は痛みはないようで、カートに乗ってクルクルしたりそのまま眠ったり。点滴に通う以外は通常どおりの過ごし方をしている。おしっこはよく出るので腎臓はなんとか動いてくれている様子。うかうかしていられないなぁ、気を引き締めて夏を乗り切ろう！

緊迫感に「なにごと？」

先月、センパイの膵炎が判明してから点滴のために毎日通院すること5日間。5日目に再度検査をしたところまぁまぁの数値まで回復していた。振り切りの高値だった炎症を疑われる数値も標準に戻りひと安心。今回の治療はひとまずこれで区切りとし、また変化があるようならばその都度対応しましょうということになった。はぁ、よかったねぇ。まずはめでたし。

膵炎の対策として食餌を考え直し、長年食べ続けてきたドライフードを卒業することにしました。「では何を?」と悩み、まずは膵炎になってから与えていたおかゆを続けてみようかな、ということに。我が家では玄米の五分づき（精米を50%にしたお米。糠《ぬか》は半分になり胚芽はほぼ残る）を常食としているので、それをおかゆにしたものをベースにします。おかゆと肉か魚と野菜を同じ割合で。膵炎予防のために脂質を減らしたいので、肉か魚はささみや白身魚など。ときどき味付けしていない納豆か卵黄、めかぶやもずくも入れる。私たちが普段食べているものとほぼ同じなので、これなら無理なく続けられそう。

何よりセンパイの食べっぷりがすごい。お米が好きみたい。全盛期の吸引力、吸い込むように食べるあの勢いが戻ってきました。あまりの瞬殺に呆れるけれど「食べたい！」という気持ちの爆発はうれしい。

そんなこんなで平穏を取り戻し、熱波を掻き回さないようにそぉーっと暮らしていたけれど、お盆が過ぎた頃にまた少し元気がないかな？　という感じになってきました。下痢はなく、食欲もあるし「何が」ということではないのですが、全身に力が入っていないような、寝ていてもどこか何かに耐えているような表情に見えて。「そろそろ点滴の相談に行こう」と思っていたので、センパイと一緒に動物病院へ。

再度検査をすると、多少の上下はあるものの前回とほぼ同じような数値。低め安定なりに体調を維持できていたということにはなるけれど、天候の変化についていくのは大変なんですね。あと鉄分不足が指摘されました。貧血注意。貧血だと犬も人間同様、ふわーっと意識が遠のくような感じになるらしい。

まずは悪化していないのがよかった。点滴と鉄分注射をしてもらい帰宅。

今後、２週間に１度くらいの割合で点滴に通うことになりました。点滴は心臓が弱っている子にすると入れた液体が体内にうまく流れず、肺に溜まってしまうことがあるらしいけれど、今のところセンパイにはその心配はない。


残暑が長期化しそうと予報が出ている夏、そろそろ疲れが出てくる頃ですね……。なんて悠長に思っていたら、オットが例のアレになりました。えぇ、流行《はや》り病に。自宅で１週間の療養をするとのこと。

倦怠感と微熱があり、近所の医院を受診したところ、あっけなくその場で陽性判定。寝室を隔離部屋とし、お互いに家でもマスク着用、トイレや洗面台など病人が使ったところは除菌シートで拭きまくり、スプレーしまくり。食器やコップは使い捨てを使用し食事はトレイに載せてドアの前に差し出し、済んだらまたドアの前に戻す。それをゴム手袋をして片付け。

大きなビニール袋をいくつか準備して、洗濯物、使った紙皿やゴミは分けてそちらへ。はぁ〜疲れましたッ！　これをもっともっともっと精度を上げて毎日行っている医療従事者のみなさんのご苦労を思い、あらためて感謝。オットがこれ以上重症化しないように、私も感染しないように、と、気を遣う日々に脳と心が筋肉痛です。これまでいかにぼんやり暮らしていたかを実感しました。

また、ふたりで陽性になり重症化したらセンパイとコウハイはどうなるのか。預かってもらえるとしたら誰？　近くの動物病院に相談したら対応してくれるかな。そう思うと絶対に私が罹患してはいけないという緊張感。また、オットが伏せっている中でセンパイが急変したらどうしよう。「あっという間の旅立ち」なんてことになったら……。疲労と睡眠不足だと、ろくなことを考えませんね。けれど考えておくべき大切なことでもある。

闘病中のご家族と老犬を抱え、看護と介護をこなしてる人も世の中にはいらっしゃるのだろうなぁ。なんと大変なことかと想像が至り、また勝手にひとりで緊張。私はほんの数日の経験だったけれど、それを長い間続けてる方もいらっしゃるはず。もう、本当にお疲れさまです。

センパイとコウハイもいつもと違う緊迫感に「なにごとなにごと？」と思っていたようですが、大人力と鈍感力で生ぬるく合わせてくれました。

オットは頭痛や怠さ、発熱が36度後半〜38度後半で上がったり下がったりが4日間続き、5日目にほぼ回復、体調が戻りました。オットの場合、医師の指示通りに薬を飲んでいたにもかかわらず、熱を測り36・5度だったかと思うと次には38・5度、その次は37・3度、また38・7度と安定せず、そのあたりが油断できないところでした。ともあれ重症化せず、今のところ後遺症もなくてよかった。どうぞみなさまもお気をつけください。

第4章
17歳

17歳おめでとう

息切れしながら夏を越し、２０２２年9月。今年もセンパイとコウハイの誕生日がやって来た。センパイは17歳、コウハイは12歳になりました。誕生日の前日、センパイは点滴をしてもらうため動物病院へ。平熱、小さいながらもしっかりとした心音、体調もそれなりに落ち着いているとのこと。

同胎のお兄ちゃん・麻呂くんのママからおいしいものを詰め合わせたプレゼントが届き、誕生日ディナーはいただいた鶏のささみとたっぷりの納豆、茹でた小松菜をおかゆにトッピング。また、遠くの町に住む、老犬介護中でもある友だち・とくちゃんからはあんこが届いた。あんこ？　彼女は17歳6ヶ月の愛犬・ツチに薬を飲ませるときに、あんこに包んであげているそう。「最近はツチが好きそうなものを少しずつ解禁してます。17歳になったら、もうあんこを食べてもいいんちゃうかなーと勝手に思ってるんです」とのメッセージ付き。あぁ、わかるわかる！

「うれしい」「おいしい」をひとつでも多く感じてほしいものね。身体への影響、良し悪しも大切だけれど、そろそろゆるめにしてもいいかもしれないな。がんばっているご褒美に。

これまで、落ち着かない夜などにセンパイの気持ちを慰めるのはボーロやぶどう糖入りのラムネだったけれど、あんこも仲間入りとなった。指先くらいの量を舌に載せて舐めさせると「ほほほ〜」という感じで顔がほころぶのがわかる。それで私も一緒に食べて「ほほほ〜」と笑う。クルクル活動や脳の疲れにあんこの甘さが染みているのかな。ちなみに私は原稿を書いているとチョコレートが食べたくなる。ボリボリと噛んで貪るように食べる。

17歳。スイートセブンティーンですよ。恒例の記念撮影はカートに乗って撮りました。そしていつものクッキーとケーキでお祝い。クッキーは小さく砕いて豆乳でふやかし、ケーキははちみつとヨーグルトでしっとり食べやすくしてハイ、どうぞ。

撮影はそこそこにフライングでカリカリポリポリとクッキーを食《は》み「ひと口で飲み込むんじゃない?」という勢いでケーキを食べていた頃が懐かしい。とはいえ、今回もいつもの吸引力で瞬殺。食い意地全開。これが元気のバロメーターで明日への希望。

センパイは生後4ヶ月で我が家に来たので、16年と8ヶ月をともに暮らしていることになる。その日その日を当たり前のように重ね、「これって、あのハマり?　老化現象?」という症状が出はじめたのが14歳の終わり。思い返せば、16歳の誕生日ではまだなんとか歩けてよろよろながら毎日散歩もしていた。お座りもできていた。この1年でぐっと老化(進化?)が進み当たり前にできていたことに手まどり、歩行が困難となりカートに乗って過ごすようになった。

食餌や排泄もひとりではできなくなって世話をすることが増えました。私はできるだけ外出を減らしセンパイ中心の暮らしに。低気圧に一喜一憂し寝不足続き。ゴールが見えない、先を考えてはいけないような気持ちになり八方塞がり。閉塞感にどんよりすることもある。

しかし思い返せば、17年間のうちだいたい15年は健康優良児、元気でピカッとしたセンパイでした。つい、今の大変さだけをクローズアップしがちだけれど、この介護生活もセンパイが子犬だった頃からつながっている犬生の一部なんですよ。つい、おばあちゃんのセンパイと長い間暮らしているような気持ちになってしまうけれど、小さくてかわいいセンパイが17年かけておばあちゃんになっただけのこと。

はじめて近所をさんぽしたことや、海で泳いで機嫌が悪くなったこと、ふたり(ひとりと1匹)で実家までドライブしたこと、コウハイがやって来て葛藤していたこと……etc.。母を亡くしてめそめそしていた私に日常を取り戻してくれたのもセンパイだった。

そのすべてが今のセンパイに詰まっています。濃い時間をともに過ごし、目の前に17歳になったセンパイがいてくれる。なんとありがたいことか。

何事も淡々とマイペースなセンパイに、おろおろしながらついて行く私。できなくなったことを数えるのではなく、今できること、今いてくれることに感謝して、これからも一日一日を重ねていこう。

心がけていることは「センパイにしてやりたいと思ったことはあと回しにせず、できるだけすぐやる」。それが母の介護経験からの学び。後悔を減らすことにつながるはずだ。

お客さんは久しぶり

先日、仕事でお世話になった人たちを拙宅に招いた。文庫として出版された『犬のしっぽ、猫のひげ』（幻冬舎文庫）の打ち上げです。と言っても豪華なことをするのではなく、いつもうちで食べているようなごはん。まぁ、お酒を飲みながらごはんを食べるゆるめの集い。犬や猫にまつわる本を出版したときは、お世話になったスタッフと我が家で打ち上げをすることが多い。そうすればセンパイとコウハイも参加できるので。

ごはんの会をしたのは本当に久しぶりのこと。もちろんコロナ禍ということもあったけど、じつは、私自身がそんな気持ちになれなかったから。

センパイがうまく歩けなくなったり、目が見えにくくなってよろよろしてソファにぶつかるようになった頃、来訪してくれたお客さんから後日こんなタイトルのメールが届いたことがあった。『センパイちゃんがあまりに変わってしまって、悲しくなりました』。そのときのお礼などを書いてくださったあとに、「センパイちゃんがとても痛々しくて見ていられなかったです。家に帰って思い出し、あまりにかわいそうで気持ちが沈みました」。メールをくれた人はとてもやさしい人。センパイの姿や私とのやり取りを見ていろいろなことを感じ、思いやりからの言葉だったに違いないのだけれど、私には違和感があった。

確かに、センパイ自身も大変だったり戸惑ったりしているだろうけれど、受け止めて折り合いをつけながら暮らしていた。これまでできていたことができなくなったり動きに不自由を感じることが出てきたり。それがかわいそうに見えたのかな。年を取ることがかわいそうなことなの？ 人間も動物も同じように年を重ねて、心身が変化していくのは自然なことなのになぁ。それをかわいそうとだけ捉えているのは、将来、老いに向から自分自身もつらくなるのでは……。

人によって考え方も思いもさまざま。わかってはいたけれど、あらためてそう実感し、それからなんとなく人をお招きする気分になれないままコロナ禍に突入したというわけでした。

先日、こんなツイートを目にしました。「16歳の愛犬のペースでゆっくり歩かせていたら、通りすがりの人に、うちの犬は9歳だけどこんなになっちゃうんだ、かわいそう。と言われた。かわいいけどかわいそうではないよ」。そう、そうだよね！　同じ気持ちの人がいたことがうれしく、思わずリツイートした。「かわいいけれどかわいそうじゃない」この呟きに元気をもらい、センパイが17歳を迎えた喜びもあり、やっとこの頃「また人を招いてごはん会をしたいな」という気持ちが戻ってきた。

基本的に我が家（特にリビング）は現在、介護施設でもあるので、必要最低限の家具しか置いておらず殺風景。臭いも少々気になるところではありますが、センパイや我が家の状況を理解してくださっている方たちだったので許してもらうことにして。

2匹には前日から言い聞かせました、「明日はお客さんが来るよ。1人は何度もうちに来てくれている菊地さん。覚えているでしょう？　もう1人は、はじめましてだけれど猫を2匹飼っていて、センちゃんやコウちゃんのそっくりなイラストを描いてくれた谷山さんだよ。お客さんがいても安心していつもどおりにしていて大丈夫だからね」。聞いているのかいないのか、2匹は「それより何かおいしいもの、食べられる?」という顔をした。

当日はお客さんが来て食べたり飲んだり、飲んだり飲んだり。盛り上がっているときもセンパイはカートに乗ってクルクルと居眠りの繰り返し。コウハイは隙あらば何か捕ろうとハンター視線キラリ☆ と通常営業。人が来て賑やかに食事をしていることが2匹とも嫌いではないらしい。慌てるようなことは何も起こらず、心おだやかに楽しいひとときを過ごしました。

思えば、センパイの小康状態を守ること、小さな変化を見逃さないようにと、いつもどこか気を張っていた。コロナ禍とも重なり、世間の緊張感に私も無意識に飲まれていたのかもしれない。

「かわいいけれどかわいそうじゃないよ!」そう大きな声で言いたかった気持ちを心の底に押し込んでずっともやもや。こじらせていたなぁ、私。

若い犬とは足並みを揃えて見つめ合い、息を合わせて暮らしていました。老犬とは同じ方向を見つめ、心を合わせて生きています。

かわいさは日々積もる

前項の「センパイが変わってしまって悲しい」と言われてしゅんとしていた件。同じような経験をされた方や、経験者のアドバイスに救われたという方もいた。「老犬介護経験がない人には老犬の魅力は理解できないのでは？」との意見も。

じくじたる思いに駆られたり誰かの言葉に助けられたり、ペットとの暮らしの中でみんなそれぞれの切なさを抱え、いのちと向き合っているんですよね。励まされました。

そんな折、今年もセンパイコウハイカレンダー発売の季節となった。13年前にアートプリントジャパンという印刷会社から声がかかり、それをきっかけにはじめて制作したカレンダー。おかげさまで好評をいただき、ムックとして扶桑社から出版されたり、少しずつカタチを変えながらも細々と続けてくることができました。北海道から沖縄、海外からも毎年リピートしてくださる方がいて、本当にありがたい。

私が宛名を書くときには、注文リストを受け取ったら住所とお名前をしみじみ眺める。覚えのある名前があると「お元気かな」「あ、この方、引っ越したのかな」。申し込み者とお届け先が違うと「娘から母へのプレゼント?」などと想像し、歯科医院からの注文には「待合室にでも飾ってくださっているのかな」なんて。

帯広ではそろそろ雪? 今、人吉市の日暮れは何時頃? 被災した石巻の風景、今はどんなふうになっているんだろう……。発送作業をしながら空想旅行をしている。知らなかった地名にもだいぶ慣れて、親しみを感じる。

「センパイがおばあちゃん過ぎて、やっと生きているみたいで見るのがつらい」、カレンダーを送った知人からそう言われ、またどよんとしてしまった。やっぱりそう思う人がいるんだなぁ。リビングやキッチン、自分の部屋など身近な場所にかけて、毎日のように見るカレンダー、やっぱりもっと明るく軽やかな気分になる写真がいいのかな。そりゃそうか。だとしたらごめんなさい。凹《へこ》みかけた気持ちを立て直し、魔法の言葉を声に出して言いました。「かわいさは日々積もる。かわいいけれどかわいそうじゃないよ！」

とはいえ小心者の私、直接には言えなくて葉書を出しました。「センパイは今日も一生懸命生きてます。犬を飼うということは、楽しいやかわいいばかりではないことをセンパイを通してたくさんの人に知ってもらいたいと思っているの。人も犬も若さが消えてからが本番かな、とも思えて」

2匹のカレンダーはコウハイがやって来た次の年からはじまったので今年で11年。当時は、まだピカピカに元気だったセンパイと子猫の面影を残したコウハイの、(たぶん)誰が見ても「かわいい」と感じてもらえるような写真が何枚もあって、その中からどれを載せるか頭を悩ませていた。今思えば、しあわせな悩み。

年月を重ね、身近な人からも「センパイも年を取ったわねぇ……」なんて感想が聞こえるようになった。それは当然のこと。写真からは2匹の関係性の変化も滲み、遠い親戚みたいな気持ちでその成長と滋味も含めて味わっていただけたらと作り続けています。知人への便りに書いた「センパイを通して、ペットを飼うこと、どうぶつと暮らすということは楽しい、かわいいばかりではないと感じてほしい」というのは、その覚悟を持って動物と暮らすことをはじめれば「引っ越すから」「病気になったから」「年を取ったから」などという理由で遺棄することがなくなるはずだから。ただ「かわいい」だけをペットに求めるのならば、自分好みのぬいぐるみと暮らせばいい。

先日、センパイは久しぶりに動物病院を受診。血液検査の結果、貧血気味なのは変わらず、鉄分補給の注射と皮下点滴を。問診中に「おしっこの量が増え、水分摂取も多くなった気がします」と伝えると、「それは腎臓が悪化している症状ですね」と先生。あぁ、やっぱり。私もそんな気がしていました。

検査の結果、数値は前回よりも改善されていて「ソフトランディングというよりソフトクルージングですね！」と笑い合った。このままゆるやかな日々が続きますように。

前庭疾患になる

その日は早朝から高尾山へ。登山、というほどではないけれどケーブルカーを使わずコツコツ歩いて、休んでは歩いて、休んで休んで、歩いてやっとこさ頂上まで辿り着き、雪を頂いた富士山を眺めながら10時のおやつを食べた。山女デビュー（仮）。

午後には帰宅してゆっくりしていたところ、「んんん？」。センパイの様子がおかしいのに気づく。ついさっきまでカートに乗ってクルクルしていたのに、ぐったりと脱力しているような後ろ姿。センパイの前に回って様子を窺うと、わわわ、なんじゃこりゃ！首を傾けて、黒目がキョロキョロと勢いよく左右に動いている。まるで時計の振り子のようで止まる気配はない。「眼振《がんしん》」というやつです。慌てて動物病院に連絡すると1時間後に診察してもらえることになりました。

診断は「前庭《ぜんてい》疾患」。前庭という平衡をつかさどるところに何かが起こり、突然眼球が小刻みに揺れたり、首や身体が傾斜したり。真っ直ぐに歩けない、立っていられず倒れてしまったりする病気。獣医師曰く「人間のめまいが酷いような状態」。

耳の中の腫瘍などを疑う場合もあるそうですが、センパイの場合は「突発性急性前庭障害」と思われる。老犬にはめずらしくないことだそう。原因や治療法などは明確にはなく「まずは皮下点滴をしばらく続けながら様子を見ましょう」ということになりました。センパイ自身、意識はあり、「何事が起きているのか！」と驚き固まったまま。点滴が終わると少し落ち着きを取り戻してきた。

「食餌はどうしたらいいですか」と先生に確認すると、「この状態ですから食べないと思いますが、食べるようなら食べさせても大丈夫ですよ」。念のためにビタミン剤を処方された。

夏の膵炎からお世話になっている動物病院。近くに引っ越してきてくれて本当によかった。帰り道、センパイを抱いてゆっくり歩いていると、左膝が痛い。そうだった、山頂から下ろうとなったとき痛みが出たのです。しかし、病院に来るときは全然痛みを感じなかった。

家に戻って「ごはん、食べる？」と聞くと、センパイは「当たり前でしょ！」と強気。

黒目、まだキョロキョロ動いているんだけれど。で、おそるおそる食べさせてみると、まぁ食べる食べる！「気持ち悪くないんかーい！」とツッこんだけれど、食欲があるのはいいことだ。ヨーグルトやすりおろしたりんごなど、あればあるだけ吸い込んだ。

その日は安静にしていたけれど、翌日からはゆるめにカートでクルクル、疲れたら眠る。通院以外はいつもどおりに。もちろん食欲も衰えることなく。2、3日点滴に通っているうちに、眼振は少しずつ小さくなってきた。

5日間の点滴を終え、その1週間後再度受診すると、眼振はすっかり消えて前庭疾患は完治。血液検査の結果も前回よりよい数値。「先週はどうなることかと思いました」と先生。「センパイちゃんの回復力、すごいですね！」と褒めてもらって、私もうれしかった。

11月は暖かかったこともあり、センパイの体調も落ち着いていた。それでこのまま12月もおだやかな日々が続くような気がしていたけれど、なかなかそうはいかないものですね。油断していました。「前庭疾患」は聞いたことはあったけれど、センパイは大丈夫だろうと勝手に思っていた。知識と現実をちゃんと頭の中でくっつけておかなくちゃいけませんね。

愛犬に眼振を確認したときは慌てずに「あ、センパイもなったあれね！」と思い出して、すみやかな受診をおすすめします。脅かすつもりはありませんが、眼振は前触れなくある日突然に起こる。

　そんなこんなで前庭疾患騒動もなんとか落ち着きを見せ、最近のセンパイは時計回りです。カートに乗ってのクルクル活動が前庭疾患後、左回りだったのが急に右回りに変化。センパイがカートに乗りはじめたのは1年と少し前、その前に自分の足で歩いていた頃も含め約2年近く反時計回りに回っていたのに急に方向転換。どうしてこうなったのかわからない。獣医師も首をひねっていました。そして今はどちら回りも上手にクルクルできるようになっている。切れていた（詰まっていた？）神経が開通したのか、バグっているのか。進化？　17歳の進化？　老犬の神秘。

　思えば、1年前には「今年じゅうに別れがあるかもしれないな」と心の隅で覚悟をしていた。しかしこうして一緒に過ごすことができている。睡眠不足でいつもどこか眠たいけれど、大きく体調を崩すこともなく私は元気です。足跡となるような大きな仕事はできなかったけれど、振り返れば地味にがんばっていた（ような気がする）。そう思えるのもまたしあわせ。

怒り爆発？

おだやかな晴天が続いたセンパイ地方。洗濯物をせっせと洗っては干し、近所への買い物以外どこにも出かけず、そのぶんゆっくりとした年末年始を過ごした。天候が安定していたからか、センパイも比較的落ち着いていた。晴れている午前中、眠っていればカートやベッドとともにひなたに出して甲羅干しならぬ、背中&おしり干しされるセンパイ。暖かくて気持ちがいいのかおだやかな寝顔。ぐっすりと深く眠れている様子。あぁ、こんな日がずっと続いてくれるといいなぁ、と、ふと思ふ。

介護のあれこれは大変ではあるけれど、日々のルーティーンも定まり、ずいぶん慣れてもきているし、まだまだ続けられるよ。余裕で！

なーんて思っていたら、急にセンパイの機嫌が不安定になってきた。昨日までは落ち着いていい感じだったのになぁ。何かにつけてワンワン吠えまくる。何もなくても吠え散らかして。何かの拍子でスイッチが入ってしまうとなだめるのが難しい。近頃、深夜0時前後には必ずワンワンはじまるし、夜とはいわず、朝も昼も。痛いとか苦しいではなさそうなんだけど、とにかくなんか怒ってる！　老犬の怒り爆発24時間！　吠えに吠えて発散しまくって疲れて眠る、というフェーズに入ってしまった。

少し痩せてきてカートのサイズが合わなくなったのかな。乗ってクルクルしていると
どこか擦れて痛いとか？　歩いているのが疲れてつらい？　ベッドに寝かせると「勝手に寝させようとしないでよ！」と吠える。

抱っこをすると静かになるけど、少し経つと「抱っこなんかに騙されないぞ！」とまた吠える。世の中のすべてが気に入らない反抗期の少年のような勢いに、猫村コウチンゲールもドン引き。

「一体どうしたいの？」と聞いてみたところで、「それがわかったら世話ないよ！」とますます吠えるセンパイなのでした。泣く（私が）。

ちょうど天気も崩れるタイミング、やっぱり低気圧と関係がありそう。せめて身体を冷やさないようにと、お灸をしたり、ベッドに湯たんぽを入れたり、手で肉球を握っては足元を温めたり。どれも気休めで原因が摑めないままどんよりと1週間が過ぎた。

そうだそうだ、そうだった。老犬になり認知症的な症状が出るようになった頃、夜鳴きに悩まされていたな。あのときもこんな感じでよく鳴いた。鳴きに鳴いていたけれど、氣功のゆうかさんに「陰の氣」を入れてもらったら吠えなくなったのだった。氣には「陽の氣」と「陰の氣」があって、一般的に治療には陽の氣を入れるのだけれど、ゆう

かさんが思いついて陰の氣を入れてくれたところ神経の昂りが抑えられ、夜鳴きがなくなったのでした（個体差によりますがセンパイの場合はそうだった）。

「今回も氣功のお世話にならなくてはいけないかな」と考えていたけれど、夜、延々と吠え続けていた日があり、「これは本当に体調が悪いのかも」と心配になって、動物病院へ連れて行くことに。

検査をしてみると、鉄分不足で貧血が進んでいるものの、大きな変調はない。増血剤と皮下点滴で様子見となりました。貧血からの症状は、吠えるというより意識が遠のく感じになるとか。

診察時に「こんなものがあるんですよ」と獣医師に教えてもらったものがありました。それがペットのためのＣＢＤオイル。ＣＢＤ（カンナビジオール）とは大麻草の茎や種子から抽出される成分。脳に働きかける鎮静作用があり、不安の軽減、ストレス緩和などの効果がある。大麻とはいえ中毒性はなく、欧米では医療や美容の業界から注目されているとか。日本で販売されているものは厚生労働省で決められた基準に基づいて、安全を証明されたもののみ。合法です。

人間など生き物が生活する上で必要な機能や、バランスを整え健康を維持するシステムが老化やストレスにより低下するのを補うためのものとか。植物由来のものなので、ケミカルなサプリを飲ませるよりはいいかも？　対策のひとつとして覚えておこう。
「大麻と言えば……！」なんて書くと物騒だけれど、少し前、遊びに来てくれた友人のみわちゃんがセンパイにCBD入りのクッキーをおみやげに持ってきてくれたことがあった。「徘徊や絶叫なんかの症状に効果があるとか～、ないとか～？」なんてごにょごにょ言いながら渡してくれたアレ。カリッと焼かれたハード系のクッキーで「センパイが食べるには少し固いかなー」なんて思って未開封のままでした。オイルの前に試してみようか。

例のごとくスイッチが入ってしまってワンワワンワと吠えはじめたセンパイ。吠えながらカートで回旋し夜が更けていった日、CBD入りクッキーを小さなすり鉢で擦って砕いて、それをヨーグルトに混ぜふやかしたものを食べさせてみました。するとなんということでしょう、吠えるのをやめてスーッと落ち着いたのです。こ、これはっ！　効いてる？　効いてるの？　CBDが効いたのかな。というより、ヨーグルトを食べたことで気分が変わって吠えるのをやめただけ？　うーん、どうなんでしょうか。今のところ吠え吠えMAX時に食べさせること3回、すべて成功しています（このクッキーは体重5キロにつき1個と、1日の摂取目安が定められています）。

ともあれ、体調が安定し平穏な日が続くこともあれば、急に荒れる波が来たり。山あり谷あり小高い丘あり平地あり……。急な変化に心構えをしながらも（とは言え、心構えをしていても何かが起きればただ焦るばかりだけれども）、寒い寒い日々を気をつけながらおそるおそる暮らしている。吠えるモードが続くようだったらCBDオイルを導入してみよう。春が待たれますなぁ。

センパイが重いのでは？

先月の吠えに吠えるフェーズから一転、ここしばらく安定した静かな日々。晴れた日にはひなたに干されて2時間くらいぐっすり昼寝をしているので、日差しの温もりから朝や昼を感じ取っているのかもしれない。そうだったらいいなぁ。

どれくらい見えているのか聴こえているのか。こちらにはよくわからない。センパイはもはや視覚や聴覚などに頼らず、いろんなことのそのままを全身で感じ取りながら生きているような。私のことや家の中のこと、暮らしのあれこれもちゃんと把握しているように思える。だからこちらも、「お風呂に入るよ」とか「出かけてくるね、帰りは夕方だよ」「コウちゃんがソファで寝てるよ」なんて話しかけている。「センパイが孤独にならないように」そう思ってはじめたことだけれど、本当はセンパイと一緒に生きている今を私が実感したいからかも。

ここ1ヶ月ほどは夜もよく寝てくれている。深夜0時頃まではカートでクルクルしたりベッドで眠ったりを繰り返しているけれど、私がセンパイ当番の夜には、「そろそろ寝ようかな」というタイミングでセンパイがカートに乗って眠っていれば、そのまま抱き上げ私の胸元に乗せて一緒に就寝。そうすると3～4時間は寝てくれます。目が覚めたら水分補給とトイレのあれこれ、動きたがるのでまたカートに乗せる。少し歩くと気が済むのかまた眠る。その間40分ほどで、また抱っこしたまま一緒に眠り朝まで。

これまでは夜中も1時間か長くても2時間ほどしか眠らず、一度起きると何時間も延々に歩いたり、ときには大きな声を上げることもあり、寝ては起こされを何度も繰り返していたので、今の状況が夢のよう。

とはいえ、安定していればしているで「身体の機能が弱っているから睡眠時間が増えたんじゃないかな?」なんて思っては心配を生み出す私。状況が改善しているように見えるけれどホントにそうなの?　とか。疑り深い。睡眠中のセンパイに顔を近づけ、生存確認を何度もしてる。目の前にいるセンパイは意識もしっかりしていてよく食べるし飲むし、動く。それなりに大丈夫です。きっと。

しかし、気になることがひとつ。それは我が家の介護士猫・コウハイの様子。センパイに老化が見えはじめて奇異な行動が目立つようになった約3年前、コウハイはその状況が理解できず、センパイの様子を探っては驚いたり怖がったり。同じ部屋にいても距離を置いて、眺めていたものだった。

慣れてきてからは変化を少しずつ受け入れ、夜鳴きにも動揺せず、自分が眠いときにはそのまま眠り続けるようになっていた。心配しながらも自分のペースは守る。バランスの取り方が絶妙。

そのコウハイ介護士、これまでは少し距離のあるところから「見守る」ことを任務と決めているようでした。それが最近では「張り付き」へと方針を変更。以前にも増して注視しているのはもちろん、センパイが眠っているときにはぺったりくっついていることが多くなりました。くっつき過ぎて「センパイ、重いんじゃない?」と少々気がかり。

コウハイの心境にどんな変化があったのかな。センパイが弱ってきているのを察知して、これまでの見守りよりも近くで寄り添うことに決めたのかなぁ。「私たちにはわからない変化を何か感じているのかな」なんて想像して、これまた勝手にドキドキしている私。

目下、「センパイができるだけストレスを感じずに過ごせること」が我が家の課題。

まずは寒くないように。エアコンはつけっぱなしにつき電気代に泣いてます。カートに乗っているときにも膝掛けサイズのふんわりしたものを背中に乗せたり、ベッドには湯たんぽを入れて温める。

クルクル動いているから問題ないように思っても、足を触ると骨の芯まで冷えていることもあり、そんなときは抱き上げて後ろ脚を手のひらで包んで温める。足湯をすることも。ときにはポケットサイズの使い捨てカイロを足に当てたり、カートのおしりを乗せるところに置いたり。お灸も続けています。

センパイの最近の食餌は、玄米5分づきのおかゆにd．b．fというメーカーの「シニア犬の食事」という缶詰と茹で野菜を入れ、そこに納豆などをトッピングしたもの。食欲は衰えることなく、少々多めの量でも「食べるよ！　全部食べる！」と残さず食べる。しいて言えば、全盛期よりは多少食べるスピードはゆっくりになっているけれど、それでも「食欲おおいにあり」と胸を張って言える。今月は病院にも行っていない。皮下点滴も投薬もなく、自力で生きている。

クルクル走っておかゆを食べて、17歳の春が迎えられそうです。

コウハイが氣を入れる

多感な10代から胸を熱くして見つめ、かっこいい背中をずっと追っていた憧れの人。また、直接の知り合いでなくても遠巻きに大切に想っていた方々……。なんだか合図し合っているみたいに旅立たれることが続き、しょんぼり迎えた春。なかなか会えない知り合いの犬や、SNSでしか知らないけれど近く親しく感じていたかわい子ちゃん（どうぶつ）の旅立ちも重なった。

「こんなふうに言うのもなんだけど、うちの子よりもセンパイちゃんのほうが先かと思ってたよ」なんて言う友人がいて、なんともやるせない。そりゃそうだ、だって友人のところの子はまだ15歳。「年齢順というわけにはいかない」と知ってはいるけど、まだもう少しゆっくりこの世を楽しんでから、と思っていたのに。家の中心にいた愛犬の不在はどんな言葉をかけても慰められない。悲しみは越えようとしなくていい。時間を味方にしてゆっくり元気を戻してほしい。

7年前、一緒に『柴犬フクと猫のタラ。』（誠文堂新光社）という本を作ったフクちゃんの訃報もあった。日頃からSNSで散歩の様子を見せてもらっていたし、インスタグラムでは早咲きの桜の下に立ち、にっこり笑うフクちゃんを確認したばかりだったのに。日曜日の夜に体調を崩し夜間診療を受診したときには、「薬で落ち着かせるか、もしかしたら手術になる可能性も……」と、まだまだ治療の余地がある診断だったのに、水曜日には虹の向こうまで駆け上ってしまったとのこと。あまりにも突然だった。12歳。

急変。はい、こんなことがあることもわかっている。けれど実際に目の当たりにして、鈍感になっていた自分に気づくのでした。だからこそ、一日一日を大切に。長生きをしていると見送るつらさも経験します。人もどうぶつも同じですね。

今年になって病院に行ったのは1回。歩いては眠り、目覚めたらまたカタカタ、カタと歩く。1年前と比べれば、カートでのクルクルが少しゆるやかになった。筋力が落ちているので、疲れると脚が上がりにくくなり、脚先がひっくり返って甲や爪を地面に擦りながら歩く（ナックリングと呼ぶそうです）ようになり、甲に血が滲むことも。そこで犬用靴下が導入された。

人間の1年は犬では約4年。正直なところ、昨年の春には「一緒のお花見はこれが最後かも」なんて思っていた私。ごめんね、センパイ。桜が気を遣っていつもより早く咲いてくれ、今年も一緒に咲きはじめた桜を見ながら散歩をすることができたね。桜を眺めることがこんなに染みるとは。年に1度だけ思い切り咲き潔く散る桜、人はそこに誰かのいのちを見ているのかもしれません。咲いている桜を眩しく愛おしく思うとき、いのちの儚《はかな》さを重ね合わせます。無理なこととわかっていても「このまま、ずっと今のままでいられたら」と願ってしまう。

さて。前項でコウハイ介護士が見守りから張り付きへ介護方針を変えたと書いたけれど、最近ではペロペロ大作戦がはじまりました。センパイの耳の後ろや後頭部、腰のあたりを一心にペロペロ舐めるのです。その動画を氣功の先生・ゆうかさんに見せたところ、「コウハイちゃんが舐めているところは、私が氣を集中的に入れるポイントと同じです。ツボをちゃんとわかっているんですね！」、そして「氣を入れると、ものすごくおなかが空くんですよ。コウハイちゃんもきっとそうだと思いますよ」。あー、確かに最近の食欲はすごいです。「何かニャいかー」とキッチンの見回りも以前に増してかなりしつこい。コウちゃん、センパイに氣を入れてるんか。そうかそうか、そうなんか。ありがとう。

ほんとうに……？

筋肉が落ちてきた

「今年の桜は早かったな」なんて思っているうちに春の嵐が来て、初夏を思わせる暑い日があり、そうかと思えば急に冷え込んだり。黄砂と花粉で喉や鼻が大渋滞になってあわあわとしていたら、もうゴールデンウィーク。なんだかあっという間に日々が流れる。「1月は行く、2月は逃げる、3月は去る」というところまでは知っているけれど、4月はなんですか？

春は「春愁《しゅんしゅう》」という言葉もあるくらい（俳句の季語にもなっている）、環境の変化や天気の寒暖差に影響されて心身が揺れがちな頃。老犬も中年猫も中年人間（私）も、なんだかキレのない感じでぼんやり過ごしている。まぁ、それは平穏であったということであり、センパイにも大きな変化はなくゆるゆるとした時間。中頃にオットの出張があり「留守中に何かあったら……」と多少の緊張感はあったけれど、事なきを得て。

たとえば、おなかを壊すとかどこか痛そうだとか、そんなことにはならなくてありがたい限りだけれど、「センパイ、痩せてきたな」と感じる今日この頃。食欲旺盛なのは変わらず、これまで通りのおかゆ＋αをモリモリ食べています。カートに乗って歩くのも相変わらずの日課、それにしても以前に増して背骨のゴツゴツが目立つ。ベッドに寝かせようとカートからセンパイの身体を持ち上げると、ヒョイ……。あらら、その軽さに気抜け。少し前にはまだ重たいものを持つような心づもりで抱き上げていたのに。

そして夜中。そうすると安心して長時間眠ってくれるような気がして、センパイを私の腹部や胸のあたりに乗せて眠っているけれど、ふと目を覚ましたときに乗せていたことを忘れてしまいそうなほどの重さ（軽さ）。ガーゼのブランケットを1枚ふわっとかけているくらいの感じ。

体重を測ってみると3・4キロでした。ここ1年くらいは3・6～3・8キロだったので「落ちてはいるけれど激減というほどではないかな」と安心したものの、とても軽くなったという感覚は拭えない。スーパーで売っている豚バラ肉200グラムを頭に浮かべ「あれくらいの量でこんなにも差を感じるものなのかな」と、妙な心細さにしゅんとなる。

人間で言うと2キロ減って感じ？　90歳近いおばあちゃんの体重が2キロ減るのはやっぱり心配事項かも。先日訪ねてくれた獣医師の友人・えりちゃんには「いくらカートで歩いているとはいえ、年を取ると筋肉が落ちてしまうので、骨が目立って、ものすごく痩せたように感じてしまうものなんですよ」と慰めてもらったけれど。

久しぶりに会った犬友だちとおしゃべりしていたときのこと。3頭の愛犬を見送り、老犬介護の経験がある彼も「老犬は筋肉が落ちる」と言っていたっけ。

彼の犬は歯が抜けて晩年は流動食を食べていた。噛まずに食べるようになったら使わなくなった筋肉が頬骨や目の横あたりからげっそり落ち、窪みができて顔の輪郭が変わってしまったのだそう。「人間のおじいちゃんにもそういう方いらっしゃいますよね」とも。そう言えばいるよね。

センパイの体重はもともと7キロ前後。それが徐々に痩せてきて数年かけて半分ほどになってきた。ふっくらとしていた身体がゆっくり痩せていくのと、痩せた身体から削られるように筋肉がなくなっていくのは違う意味を持つ。老犬の筋肉が落ちる問題、深刻だ。

「それでも17歳で褥瘡ができていないのはすばらしいことですよ。カートに乗って、寝たきりになっていないからですね」と前出の獣医師えりちゃんが元気づけてくれた。最近は乗ったまま眠っていることも多いカート、箸置きならぬ「センパイ置き」としても助かっている。

カートを製作している工房、ＢＦぶるからの注意書きには「犬はカートに乗っているだけでも疲れますから、乗せたままにはしないでください」とあったので様子を見ながら気をつけていたけれど、もはやカートと一心同体のセンパイ。カタカタカタとリズムよく動いている日もあれば、カタ、カタ、カタとごくゆっくりの歩みのときもあり、体調に合わせて乗りこなしている印象。センパイにとってベッドの次に落ち着ける場所になっている。少しでも脚を動かして、筋肉保持に努めてもらいたいものだけれど、もしかしたらこの歩行も難しくなる日が来るのかもしれないな、とも思う。これまでの状況は、いろいろな意味で想像の上を行っていた。これからも何がどうなるかわからない。退化ではなく進化と受け止めたい。

カートに乗って時計回りに歩くので、最近、センパイの首は右に傾きがち。それから背骨がずいぶん湾曲してきた。後ろ脚の股関節周りも縮まって丸くなってきたので、最近は身体をストレッチすることが日課に加わった。ゆっくりと呼吸を合わせて首や脚を伸ばしたり、普段動いていないところを動かしたりマッサージしたり。センパイもまんざらでもなさそうな表情をしているので気持ちいいのではないかしら。1回3~5分ほど、日に4回くらいやってます。

このストレッチも含め、抱っこしている時間が増えてきた。両腕で胸元に抱え込めるほどの小さな身体、そのぬくもりが胸の奥に届く。センパイの体温を忘れずにいたい。

エネルギー不足

先日、センパイは久しぶりに動物病院で診察を受けた。新緑の季節になっても寒暖差が激しく、私の心身も季節についていかない。急に気温が上がり、そんな日が続いたときに、センパイの水分摂取量が心配になった。脱水症状が進んでいるようなら、点滴をしてもらったほうがいいかと思っての受診。

診察予約はLINEで行う。動物病院からの返信には「センパイちゃん、ご無事で過ごされているようで安心しました！」。ご心配おかけしていたんだな、と、ありがたいやらご無沙汰を申し訳なく思うやら。高齢犬の通院がしばらく途絶えると、「もしかして……」と考えてしまいますよね。そんな気持ちが滲んだお返事だった。

血液検査の結果は予想以上に安定しており、4ヶ月前には不足していた鉄分もほぼ平均値まで戻っていた。口を開けたときに見える歯肉の色、年始には真っ白だったのに今は薄めのほんのりピンク。健康そうとまでは言えないけれど、まずは上出来。

体重は4ヶ月で200グラムの減少。そう聞かされて少々気落ち。でも、まぁこれは想定内。「減少はしていますが、年齢的には保っているほうですよ」と先生。「十分にすごいですよ」と褒めていただきました。そういえば、私は褒められるのが好きだ。センパイが若い頃にどうぶつの気持ちに耳を傾け、気持ちを言葉にしてくれるアニマルコミニュケーションをしてもらったとき、センパイは「自分が褒められるとゆっちゃん（私のこと）がうれしそうにしている、それがうれしい」と言ったそうで、私の褒められ好きはセンパイにもバレていた。

先日、センパイを抱っこして散歩していたときに会った顔なじみのマダムに「センちゃんえらい、えらい！」と盛大に褒めてもらった。もうこの域に達すると、体重が減っても褒められるし、息をしているだけでも褒められます。ありがたやありがたや。

センパイの内臓はそれなりに、いえ、それなりよりはだいぶいい感じに保てているよう。数値の悪化を懸念されていた腎臓と肝臓もなんとか横ばいが続いている。これはひとえにセンパイの持って生まれた生命力というか強さというか、それ以外の何ものでもない。

内臓が安定していると知ると、あと気になるのは骨や筋肉。先日、ＳＮＳで気になる投稿を見ました。医療法人社団悠翔会理事長・診療部長である内科医の佐々木淳先生のツイート。以下、要約です。

「慢性呼吸不全で在宅酸素療法中の90歳男性。支援を開始した時、身長168センチ、体重38キロ。BMIは13・4。疲労のため会話は1分以上続かない。わずかな移動でも強い息切れ。出される食事は1300キロカロリー前後。頑張って全量摂取しているが体重は減っていく。基礎代謝量を計算すると820キロカロリー。リハビリの努力を加算して運動代謝を加えても1000キロカロリー。十分足りているはず。代謝異常はなく、便秘はあるが消化不良があるわけでもない。それなのに体重減は、純粋に食事量が少ないのではないか。本人と相談し、栄養補助食品を1日1缶（375キロカロリー）追加することに。すると1ヶ月後に体重の減少が止まった。さらにもう1缶追加して飲んでみることにすると、体重の増加がはじまった。この1年で体重は14キロ増、寝たきりだったのが、排泄はトイレで、食事も椅子に移乗して食べることができるようになった」

ほう、そんなことがあるとは思ってもいなかった。まず年齢的なことが念頭にあるので、何が起きても「もう年だからね」「老衰だから仕方がないね」と片付けてしまいがちなのは人間も犬や猫でも同じ。悪気がなくてもそうなる。

私の父もそう。母を看取り、ひとりで暮らして3ヶ月が過ぎ「そろそろ自分の暮らしのリズムができるかな」という矢先に脳梗塞で倒れた。左に麻痺が残り、それからは車椅子での生活。若き日から大好きだったクルマの運転、こだわりの愛車が自慢だったけれど、80代は車椅子を操っての暮らしとなった。元来の食いしん坊、よく食べていたけれどそれでも痩せてきていて「そういう年齢なんだよ」とか「運動しないから空腹にもならない」なんて自分で言って、軽く済ませていたな。

センパイの場合も体重が減っていくことは自然の現象、仕方がないことと思っていたけれど、エネルギー不足、栄養が足りていないのだとしたら……。そう思い、まずはゼリー飲料をときどき飲ませてみることにしました。無理にということではなく、水を飲ませるようなタイミングで水の代わりにときどきは栄養補助ゼリーにするとか、軽いお試し。ヨーグルトやりんごの味がついているのでセンパイも気に入っていて食べる。あとはカロリーメイトを粉にして、ヨーグルトに混ぜて食べさせたり。成果があるかな。やれることはやっておきたい。

センパイの体重減少をできるだけ止めたい理由があるのです。近頃、痩せて身体が小さくなりカートのサイズが合わなくなってきてしまって。筋肉も落ちているので脚に力が入らないことがあり……。カートを動かせないとイライラするのか、「なんとかしてよー!」と大きな声で鳴くことも。今のところはあちこちにタオルを敷いたり挟んだり、ベルトを縮めたりして使えているものの、じつはこれも時間の問題かも？　と危惧。

また、その日そのときによって、体勢や調子も変化しており、どこにタオルを敷くのがいいのか、どのバランスが歩きやすいのかも違ってくるので難しく、「今日は右胸前の隙間を埋めるのがいいのね？」「おなかに敷くタオル、今日は何枚必要かな」と、微妙な調整が必要。

今の平穏はカートがあって成り立っているので、「カートに乗って歩けなくなったとしたら？」、そう想像するだけで墨を飲んだような気持ちになる。なんとかお願い、ストップ、センパイの体重減少！

そして最近、食餌をするスピードが少しゆるやかになってきた。まぁ、今までガツガツ食べていられたことのほうが異常（！）だったのか。食いつきは変わらないものの、後半はややゆっくりになり残すこともある。「気持ちは食べたいけれど、疲れちゃうの」という感じ。

そこで、これまで2回だった食餌を3回にするという試みも。朝と夜で8割、昼に2割といった具合。そのほうが食べることの楽しみを持続できるような気がして。

そんなこんなで試行錯誤の旅は果てしない。まだまだ旅の途中だ。

そういえば、センパイが受診したときにコウハイも健康診断をしてもらいました。なんでも、とてもジェントルな態度で検査を受けていたらしく、先生やスタッフのみなさんからたいそう褒められた。レントゲンを撮る時など「あ、こっち写らない？　じゃあ、こう向く？」みたいな。先生は「どの子もコウハイくんみたいに協力的だとありがたいんですけどー」って。信じられニャいなぁ。猫の皮、何枚被っていたの？

しっぽの衝撃

梅雨の時期、雨が続いたと思ったら急に気温が上がったり。そして湿気……。生きるものみな、天気の変化についていくのが大変ですね。センパイおばあちゃん、全体的にゆるり低空ながら無事に過ごしています。しかし以前に比べるとご機嫌ななめタイムが増えてきた。梅雨前線、低気圧の影響が大きいのではと思われます。

最近のご機嫌ななめのタネ、わかりやすいところでは、「歩きたいのに脚に力が入らず進まないぞー！」「おしっこが出たからシートを替えてー！」。もしくは「おしっこしたいけど、出そうで出ないんだけどー！」、あと「カートのベルトが擦れて痛いよー！」「首のところのタオルが床に落ちたー！」……。昼夜問わずセンパイから、大きな声が上がると、チェックするのは基本このあたりから。

「歩きたいのに進まない」の場合は、カートを押してしばらく一緒に歩いていると勢いがついて動く力が湧いてくるみたい。そして気分転換に栄養補助食品のゼリーを食べる。ほんのり甘いさわやかな味が気に入ったようで、喜んで食べています。これが体重減を止めてくれるといいのだけれど。

あれこれチェックしても異常がなく、声をかけてなだめても機嫌が直らないときは、低気圧の影響で頭が重い、曲がりがちな首が痛い、だるいなど身体の不調がほとんど。そんなときは抱っこして、足が冷えていれば温め、マッサージをしたりお灸をしたり。何か言葉をかけたり適当な歌を歌ったりすると、気分を変えて、ちゃんと注意を向けてくれるので、感情はしっかりしているのだとうれしくなる。

「注意を向ける」と言えば、先日こんなことがあった。いつもの氣功の先生、ゆうかさんが来てくれたときのこと。彼女がセレクトした曲をかけながらセンパイを施術してくれて「最近のお気に入りなんですよ。季節外れなんですけど……。この声、誰かわかりますか?」と言いながら聴かせてくれた曲があった。クリスマスソングをジャジーにアレンジしたもので、この声は……誰? 知っているような気もするけれど。

「聴いたことがある声だけど。誰かなぁ、やさしくてすてきな声ですね」と私が言ったと同時に、「うんうん、そうだね。さすがセンパイ！」とゆうかさん。何やらセンパイに返事をしている。犬や猫と会話ができる彼女に、これまでにも2匹の言い分をいろいろ聞かせてもらっていたけれど、最近はふたり（ゆうかさんとセンパイ）で女子トークをしているよう。

施術が終わり、お茶の時間になったときにゆうかさんが教えてくれました。「センちゃん、さっき『この声の人、ハンサムでしょ？』って言ったんですよ」

へぇ、そんなことを言うの？　驚きました。「声からその人がどんな人か想像してみる」ということもそうだし、会話のセンスがあるなぁ、と思って。その感性に感動。犬や猫もそのほかの動物たちも、人間と同じような感性や感情を持っているのだとあらためて知りました。ちなみに、聴かせてくれたのはBTSのテテの「Le Jazz de V」。その場にいて、一緒に聴いていたコウハイの感想は「悪くないね」だって。どこ目線～。

それからもうひとつ、近頃のドキドキ案件。じ、じつは、センパイのしっぽがポロリと取れそうです。と書いても、ん？　どういうこと？　と思われるでしょうか。あの、ふわふわでキュッと巻かれたセンパイのしっぽ、去年の秋以降から、じわじわと先から固くなり痩せて縮んでいるような感じがありました。獣医師に尋ねると、「老化により細部まで神経や血液などが届かなくなり筋肉が痩せてきたり、骨密度が低下して尾椎《びつい》という小さな骨ひとつひとつが劣化し、折れやすくなることがあるんです」とのこと。確かによく見ると、黒くて小さな粒が連なってできているようで、それがポロポロと溶けてきているよう。

フワフワの被毛は健在なのだけれど、骨がポロポロと崩れてきているので、被毛ごとしっぽの先3分の1くらいのところからちぎれそうになっている。子犬の頃から、ビュンビュンに振り、うれしさを伝えてくれていたしっぽ。悲しいときはしゅんとおしりの中に収納していたしっぽ。まるで感情そのもののように生き生きと動いていたのに。「ちぎれんばかりにしっぽを振って」なんて原稿に書いたこともあったと思う。まさにちぎれそうになってる。そして近いうちに先のほうが取れると思われる。壊死ということか。処置を施す術もないしっぽの衝撃。

センパイ17の夏、思いもよらぬことが起きる。これだけいろいろあったのだから「もう何があっても驚かないぞ！」と思うのに、現実はいつもその上を行くのだ。

センパイからのプレゼント

取れそうなしっぽの件、みなさん、やはり衝撃だったよう……。

皮1枚というか、筋1本というか、センパイと儚くつながり、しばらくぷらんぷらんしていたしっぽ。ひょいと引っ張れば、こともなげにポロリ、間違いなしの状態。取ってしまうのも憚《はばか》られ、そぉーっとそぉーっと扱っていた。

ある日、秋に出版されるという犬関連のムックの取材を受けた。取材チームが我が家に来てくださり、「愛犬と話ができる！　愛犬の気持ちがわかる！」というテーマで、犬と気持ちを通じ合わせるためのあれこれをお話ししました。

「犬の気持ちを代弁すると言われるしっぽですが……」という流れから、「じつは、センパイのしっぽが取れそうなんですよ。ちょっと見てください～！」と、聞き手のライターさんと編集者さんを促し、みんなでセンパイのおしりに注目したところ、「あれ、ない？　取れてる？　わ！　わ！」「えっ、まさか！」そのときすでに、しっぽの先が取れて短くなっていた。

「なに？　前からこうだったよ！」という風情で、何事もなかったかのように澄ましているしっぽ（とセンパイ）、よく見ると被毛に包まれた骨や皮膚は黒く固まり、まるでブチっと切れた電線の断面。そして、切れた先っちょは周囲を捜すも見つからず。動揺しました。

取材後、家の中を捜索したところ、洗面台の下で発見！ なぜこんなところに？ 思い返せばその日、朝ごはんを食べさせているときのこと。フードがこぼれて汚れたセンパイの前脚を洗うため、抱き上げ、洗面台へ連れて行った。そのときに人知れずポロリだったのですね。大切なことなのに気づけなくてごめん、しっぽ。日頃の余裕のなさが露呈されました。

センパイのかわいかったしっぽは、取れてもふんわりかわいいままでした。おかあさん犬のおなかにいるときから、17年以上ずっと一緒で、というかセンパイの一部だったしっぽ。クッキーが入っていた赤い小さな箱に納めてみたものの、また見たくなっては取り出して眺め、またしまって、また出して……。まるで赤ちゃんの臍《へそ》の緒《お》的な扱いに。これはセンパイからのプレゼントかな。宝物がひとつ増えました。

しっぽが取れてしまったこと、本犬は気づいているのか否か。現役しっぽと引退しっぽを交互に触り、「本当に平気なのかな、痛くないの？」と、センパイの顔を窺ってみるも、まったく何も気にしていないよう。「心も身体も痛くもかゆくもない！」という感じ。

思えばこれまでも目が見えにくくなっても耳が聞こえにくくなっても、「それはそれ」とすべてを受け入れるのがセンパイなのだった。どんなことでも明るく受け止め、それなりに進む前向きな姿勢に、飼い主は日々励まされています。


7月に入ってから、センパイの夜鳴きが続いた時期があった。急に酷暑となり、人も疲弊していた頃。鳴き叫び方も激しく、しかも連日連夜。「これは病院に助けを求めなくてはならないかも」と思うこともあった。しかし受診したところで点滴と薬を処方してもらうしか術はないだろう。しかし痛いや苦しいと訴えているのなら獣医師に診てもらわなくては（私にはそうは見えないのだけれど）。そう逡巡しながら、以前にも書いたCBD入りクッキーなどでなんとかなだめる日々……。

しかし今では、また穏やかにカートでクルクルする日々が戻ってきました。やっぱり天候に左右されるのか。その方程式は未《いま》だ解けません。目の前の変化をさっとキャッチして対応するための瞬発力を鍛えておかなくてはと、思いを新たに。

そして、懸案だった体重が減り続ける問題。これまではミルミル水が中心だった水分補給、近頃はカロリー摂取を心がけ栄養補助ゼリーを飲ませたり、豆乳にあんこを溶かしたものを飲ませたり。あの手この手で試していたところ、現在、下げ止まっています。

やった！

救世主は冷凍焼き芋でした。叔母の家に遊びに行ったときに、おみやげにと持たせてくれた叔母の好物、「紅天使」という種類の冷凍焼き芋。「自然解凍して好きな冷え具合で食べるのもいいし、もちろんチンして温めて食べてもいいの。どうやって食べてもおいしいのよ～」とのことだったけれど、確かに！　手軽に食べられるのが気に入りました。そしてセンパイのかぶりつき具合がすごい。やっぱりおばあちゃんは芋が好き。焼き芋をひと口ふた口、日に何度か食べさせていることも下げ止まりにつながったよう。

冷凍焼き芋、その存在は知っていたけれど、これまで食指が動くことはなかった。しかし、おいしいし何よりも手軽に食べられるのがよく、我が家のストックしておきたい食品リストに仲間入り。犬も人もこの夏は、冷やし焼き芋で乗り切る所存です。

去年の夏より元気？

今年の8月ほど、心身が縮んでいた日々はなかったかもしれない。17歳のセンパイと夏を越せるのかという心配が頭から離れなかったし、容赦ない日差しと並外れた酷暑で、何をするにも気合いを入れないとはじめられない、進まなかった。あー、夏（暑さ）に完敗でした。

「何事もなるようになるよね」なんて軽く言いながら、心の中は不安でいっぱい。先々を思い悩んでは身構えてしまう悪癖がにょきっと顔を出し、自分で自分を不自由にしていた。センパイがこんなにも一生懸命に、毎日毎日生きる姿を示してくれているのに。

「もっと振り切って、思い切り！」秋はこれでいこうと思う。

思い返せば、去年の夏のセンパイは食欲が減退したり下痢になったり。そして7月末に膵炎にもなった。夜中に唸り声を上げてつらそうにしていたなぁ。1年後にもこうしてセンパイといられるなんて、あのときの姿からは想像もできなかったし、希望さえ持てなかった。皮下点滴のために毎日通院もしていたな。そんな1年前から比べたら、今はずっと元気そう。落ち着いて安定している。人間年齢で言うと「84歳の頃より88歳の今のほうが元気だね！」となるわけで、なんともありがたいことです。

「無理に引き留めるつもりはない。いつか旅立つことはわかってる。でも、別れは今ではないはず……」と、いつも思ってた。肚《はら》をくくり、覚悟をしているつもりでいるのに、私の覚悟は表はパリパリ、中はとろとろ、どこぞのたこ焼きのようだ。

今年の夏はイレギュラーなことがひとつあった。我が家の男子チーム、オットとコウハイを中心にテレビ番組を撮影していたのです。予定どおりならば9月の末に放送されるもので、そのスタッフのみなさんが6月頃から定期的に我が家に通ってくれて、それはセンパイとコウハイにとっても楽しみなことのようだった。

「ありのままの日常の記録」なので、ちやほやされることもなく撮影は淡々と進んでいくのだけれど、動物を撮影することに慣れているスタッフ隊は、センコウとの距離も絶妙に心地よく、好感を持たれるような雰囲気を醸し出しているというか。2匹ともみなさんに懐いていた。

撮影の前夜には「明日はセンパイとコウハイの撮影に来てくれるよ」なんて言い聞かせているとうれしそう。そんな心のハリ（?）が、センパイを元気にしてくれていたのかもしれない。

そして。この撮影は、ロン毛の男を調子づかせました。そうです、コウハイです。これまでこのようなことがあるとだいたい主役はセンパイだった。それが今回は「え、ボクがメイン?」と気をよくし、妙な自信をつけたよう。行動的な猫になった。その行動力は撮影にではなく、食べることへの積極的関与に発揮されています。

私が食事&食餌の準備をしていると、当たり前のようにキッチンに乗ってくる。火も使っているし包丁もあって危ないので、都度、降ろすものの、またしれっと乗り、それは幾度となく繰り返される。ワンプッシュしないと開かないゴミ箱の蓋も開けられるようになり、フライパンに引いたオイルまで舐めようとする。茹でた野菜をザルにあげておくと、これまたもちろん狙う。

若き日に数える程度、飛び乗ったことがあった冷蔵庫の上にも「なんかねーがー!」と当然のように飛び乗るようになってしまった。阻止する手立てがなく、私が料理中にはリビングとキッチンから閉め出されているコウハイです。ふんわりと活動していたアイドルが、「売れたら急に性格変わったね」的な感じですか、コウハイ。それはちょっと困りますよ。そろそろあらためてくださいね。それとも老犬介護のストレス発散?地に肉球着けて、地道に老犬介護チームの一員として手助けしてね。

暑さはなかなか引っ込まないと天気予報は伝えている。それでも少しは秋の気配も感じられるようになってきた。夏を乗り切ったみなさん、お疲れさまでした。バンザイ!

第5章
18歳

俳句があってよかった

うれしい長期戦となったセンパイの介護。特別なことが起きないよう願い、そーっと暮らしている。何かを抱えて一日一日を重ねる中で、大切なのは「好きなことをいくつか持っている」ということだと思う。そのことを考えると気持ちが切り替えられる、とか、これを食べたら元気が出るなー、あの風景を眺めたら自然と肩の力みが抜ける、というような。私にとっては趣味のひとときがそれ。

「熱中する」というよりは、地味に細く長く続けるタイプで、私はヨガと俳句と植物画をやっている。植物画をはじめてからは自然の細部を見る悦《よろこ》びに目覚め、近頃は山登りも気になる。とはいえ、介護があると時間が捻出できなかったり、気持ちが落ち着かなかったりで植物画の講座通いは休眠中。ヨガも休みがちだ。唯一、変わりないペースで続けているのが俳句。

センパイ当番の夜は、痩せて軽くなったセンパイを胸元に乗せ、リビングの天井を眺めながら寝る。深く長い夜に頭だけが妙に冴え、出口のないトンネルの中に迷い込んでいるような気持ちになることも。ふと一片の何かを思い浮かべると連想ゲームのように、どんどん闇に落ちてしまいそうになり、「おっといけない」。そんなとき、ずいぶん俳句に助けられた。「次の句会の兼題《けんだい》はなんだっけ?」頭の中で言葉を選び、季語に合わせる17文字。枕元のスマホにメモ。ぶつぶつと声に出して呟いたり、言い換えたり。センパイやコウハイにもずいぶん聞いてもらっているけれど、どう思っているのかな。大切にしているのは「カッコつけたり、うまく詠もうとしないこと」。これは句会で一緒だった土茶《どさ》さん（俳号）からの言葉。思ったこと、感じたことをそのまま素直に詠む。これがなかなか難しい。

「句会に来ませんか」とはじめて誘われたのは確か30代の頃。右も左もわからないまま若さと厚顔で突破した。それからあちらこちらの句会に交ぜてもらって細く続け、今の句会に正式メンバーとして参加するようになって約10年が経つ。老犬介護が本格的になってからは、できるだけマストの用事を作らないようにしているけれど、月に1度の句会だけは別。

私たちの句会のしきたりは、かの「東京やなぎ句会」に倣《なら》い、前もって出された兼題（季語）で句を2句作っていく。そして句会で出された3つの席題で1句ずつその場で作って、計5句を投句する。投句された句の中から、いいと思った句（自分の句以外の）を選び、発表。どの句（誰）に一番点が集まったかでその日の順位が決まる。好成績だとうれしいし、そうでもなくてもそれはそれ。2時間から3時間くらい、月番さんが用意してくれたお弁当やお菓子を食べながら、俳句以外の話もたくさんし、笑ってにぎやかな会。それぞれに背負っているものを肩からおろすひととき。

年齢も仕事も生きる環境（ヘルシンキとチェンマイ在住の人はズームで参加）も違う人同士でも、長年、月に1度会っていると友だち以上の、濃くも心地よい連帯感がある。詠まれる俳句からは、その人となりや暮らしがそこはかとなく滲み、語らなくてもわかることもある。仕事で出張が多い人からの、旅先を想わせる句など、その風景を見せてもらえたようでうれしくなるし、「日常の中にこんな気づきがあったのか」と、ハッとすることも多い。

句会に集まるメンバーは動物愛が高め。センパイのことも我がことのように気に留めて、よい湯加減で心配してくれて、支えられたり助けられたり。私が暮らす半径はとても狭く、父のことや犬と猫との句が多めだけれど、仲間に俳句を共感してもらうことで、客観視した自分を肯定し、先に進むことができているような気もしている。句友がいてくれて俳句と句会があってよかった。

煮凝《にこご》りに父の晩酌延長戦
道の駅ソフトクリーム父笑ふ
リハビリの父の背に鳴くかんこ鳥
初雪や見上げる犬の額にも
老犬を抱いて飛び越す浮氷《うきごおり》
遠雷に片目を開けて介護猫
紫陽花《あじさい》を供え遺影の隠れたる

18歳になりました

来る日も来る日も30度超え、残暑は一体いつまで……？　と暑さに負けていた。2023年、9月に入ると空が高くなり、朝夕に吹く風は涼しくなってきたものの、日中の日差しはまだ暴力的。秋分の日を境にぐっと秋らしくなったセンコウ地方です。「暑さ寒さも彼岸まで」とはよく言ったものだ。「暑くない」というだけで、こんなにも気持ちがやすらぐとは。週末には地元のお祭りだったけれど、御神輿《おみこし》も気持ちよさそうに通って行きました。

センパイ、とうとう18歳！　そしてコウハイは13歳。酷暑にビクビクしていた数ヶ月、むしろ暑すぎてほぼほぼ冷房の中でひっそりしていたのがよかったのか、体調も安定している。

早朝と夕方に風を通して部屋の空気を入れ替える以外、本当に冷房の中にいました。決まった時間にごはんを食べ、ミルミル水を飲み、紙パンツを替える。ちょいちょいおやつで気を紛らわせ、あとはカートでクルクル。そして昼寝。「規則正しい」と言えなくもない、そんな夏の日々。

気をつけていたのは冷えさせ過ぎないこと。服を着せたり靴下を履かせたりして体温調整をしていました。あとは紙パンツの中が蒸れて汗疹《あせも》にならないように、ということも。

食欲が落ちないように、少しずつ味を変えたり、食べやすいようにとろみを付けたりもしたけれど、鉄の胃袋を持つ女・センパイにはあまり関係なかったかもしれません。

私もセンパイよろしく、最低限の外出をする以外は引きこもり。ときどき友人たちがセンパイに会いに来てくれて、外の空気を運んでくれました。蚕が育つ繭《まゆ》の中に、犬と猫とすっぽり入り込んだような静かな暮らし。変化がなくて淀みがちな気持ちを除けば、おだやかな世界でありました。老犬には「変化がない」「特別なことは何も起こらない」ことが一番いいこと。

おなじみのクッキーとケーキでお祝い、そして恒例の記念撮影。「なんだか夢のよう」そう感慨に耽《ふけ》る私に、センパイは「生まれて18年経ったから18歳になっただけだけど？」とでも言いたげ。

猫のコウハイは、センパイ以上に年齢など気にしていない。生まれてきて捨てられて、拾われたと思ったら、勝手に誕生日を作られて「おめでとう」と言われてもね？　的な。「まぁ、いつも食べないようなケーキやクッキーが食べられるから、それはそれでラッキーではあるけどさ」と顔に書いてある。センパイとコウハイ、人間に付き合ってくれてありがとう。

「いくつになった」とか「もうすぐいくつ」とか、年齢を気にしているのは人間だけかもしれませんね。動物は生まれたら、今を生き、生きるだけ生き、そしてそのときが来たら潔く旅立つ。それが10歳でも15歳でも18歳でも気にしないのかもしれない。今を重ねて生きている。

夏がはじまる前の「まだ夏本番ではないのに、それにしては暑いよね」の頃から、定期的に我が家に通ってくれていた人たちがいました。『ネコメンタリー　猫も、杓子も。』（NHK　Eテレ）という番組のスタッフのみなさんです。著述と本の編集の仕事をしているオットに声がかかり、コウハイとのドキュメンタリーを撮ってもらえることになって。

「普段のままを撮りたいので」と、スタッフは抑えめで3人だけ。30分弱の番組なのに何度も通ってくれて、大きめの座敷わらし（おとなサイズ）のように、なんとな〜く家の片隅にいて、様子を見ながらカメラを回し、センパイとコウハイ（とオット）に静かに寄り添ってくれた。

センパイをじっと見つめるコウハイの姿、カタカタカタカタと歩くセンパイなど、いつも文章で読んでくださっているみなさんにも動く2匹を見ていただく機会となりうれしかった。よい記念となりました。そして観てくださってありがとうございました。

この撮影が進行している中で、心の隅に少しだけあったのは「放送されるとき、2人と2匹で観ることができるのかな」ということ。番組のおしまいに「センパイはこの夏……」とか小さくテロップが入るようなことになったりして……。なーんて、ついつい思ってしまう自分に喝。無事にみんなでオンエアーを観ることができて本当にうれしかったです。

番組が放送されているとき、コウハイはずっと私たちの近くで眠っていました。そして、放送が終わると同時に目を開けて伸び～～。たぬき寝入りです、たぶん。『ネコメンタリー　猫も、杓子も。』はいつも興味深げに観ているんです、なのに自分の回は……。照れてる？

「だって、ボクのことはボクがよくわかっているから、別に観なくてもいいんだ」なんだか、そう言っているような横顔だった。

ライバル登場？

女心と秋の空。毎度、天気に左右されるセンパイ。今年の秋は台風が少なくて助かったけれど、通り過ぎる低気圧と秋雨前線にやられた10月だった。そのダメージからの回復に少し時間がかかるようになったかな、という今日この頃。これまでは低気圧が通過中に調子が悪く、過ぎるとすぐに回復していたのに、最近では通過後1～2日は調子が戻らない。

後ろ脚の動きが鈍くなってきたかな、引きずるようになってきたな、と感じることもあり、これは少し冷えるようになったから？　カートのクルクルも速度がゆっくりゆっくりになってきた。止まりそうで止まらない、ほぼ動かない日もある。しかし、カートは止まったままでもセンパイはそれなりに脚を動かして機嫌良さそうにしています。歩いている気持ちになっているのかな、健気。センパイにとって、カートは車椅子だけでなく、ルームランナーでもありました。

最近の朝ごはんは5時半〜6時頃。それからまたひと眠りして9時くらいに豆乳にヨーグルトと甘酒、はちみつを入れたものを飲むのが楽しみ（いつもうれしそうにゴクゴク飲みます）。これからの季節はひなたぼっこができるのでありがたい。私は「おひさまに当たっていたら安心、大丈夫！」と思っている、おひさま教。

季節の変わり目でもあり「いろいろ徐々に低下しているかな」と感じるけれど、本犬はいつも淡々とマイペース。緊急に病院へ駆け込むこともなく、よく食べて、いのちの灯を静かに燃やし続けています。コウハイもそんなセンパイに敬意を表しつつ、いい距離感で見守り介護を継続中。

ところで。我が家の最寄り駅から少し先にスーパーマーケットがあります。大きめのスーパーとしては一番近いかも？　という距離だけれど、どことなくショボンとした雰囲気、品揃えが良いわけでもなく安くもない。あまり足が向かないお店だったけれど、数ヶ月前、電車で出かけた帰りに買い忘れたものがあり、久しぶりにそのスーパーへ。

店内がすっかり改装されていて驚きました。通路が広がり、歩きやすくて棚も見やすい。そこはかとなくおしゃれになっている（ような）。何よりも「ペット用商品の売り場を拡大しました」の張り紙に、「ほう！」と歓喜。

1階の奥にどどーんとペット用品が並んでいる。犬猫用がメインで鳥やうさぎのコーナーも。なんだかホームセンターの趣。他店との違いを明確に打ち出すべくペット用品に特化したとは。やりますな、店長。しかも「毎週木曜日はペット商品2割引き」とのこと。「これは通わねばなりますまい」というわけで木曜日はそのスーパーへGO！

センパイの紙パンツ、シニア犬用缶詰、コウハイのトイレシートや猫砂、フード。最低限でもそれだけ必要で、そのほか身体を拭くものを買ったり、気まぐれでおいしそうな（2匹が好きそうな）おやつを買ってみたり。それから「せっかくだから」と、ついでにあれこれ人間のものも買ってしまうというお約束。2割引きの意味は……。

現在、センパイのごはんはおかゆがメイン。白米か5分づき玄米を炊き、おかゆにして茹でた野菜と茹で鶏肉を刻んで混ぜる。そこに卵黄やひきわり納豆、ごま、無塩のしらすなどで味に変化をつけている。茹で野菜や鶏肉を準備できなかったときにはd.b.fというメーカーの「シニア犬の食事」という缶詰を入れるので、その缶詰を買っておくのも大切なこと。「ささみ&さつまいも入り」「ささみ&すりおろし野菜」「ささみ&軟骨」「ささみ」の4種類があり、センパイは「ささみ&軟骨」派。

ある木曜日。いつものようにスーパーに行き「センパイのパンツ、コウハイのシート……」と、かごの中へ。「それから、センパイの缶詰……」と棚を覗いたところで「はっ!」。お目当てのものが売り切れていることに気がついた。残念だけれど、まだ買い置きがあるからこの次でまぁいいか。気を取り直して支払いを済ませ、1週間分のセンコウ用買い物は終了。

翌週、「また売り切れていると困る」と先週より少し早い時間にスーパーに行き、無事ゲット。「やっぱり午前中に行くのが確実なんだな」と学び、その次の木曜日には11時頃にスーパーへ。そしたらなんと、また売り切れ。「さつまいも」「すりおろし野菜」はたっぷりあって、「ささみ&軟骨」だけがなくなっていた。ガーン。このあたりから私の心はザワつきはじめ、その次の木曜日は開店の10時半に行き、缶詰ゲット。よし!

どうやらライバルがいる。「あのスーパー、木曜日はペット用品が2割引きだよ!」なんて周知され、どこからか遠征してくるのかもしれない。棚にあるのを全部買って行くあたり、愛犬への情熱を感じる。我が家と同じ、絶賛老犬介護中なのかな。同志よ、お疲れさまです。それともまだ元気なシニア犬でよく食べる子なのかな。姿の見えぬライバルに想像を膨らませる。

ライバルだけれども敵ではない。先を越されたときは、「今日も無事に生き延びているのね」と思う。来週もお互い適度にがんばろう（犬も人も）。今日は木曜日。張り切って自転車を飛ばしスーパーへ。棚には缶詰が10個並んでいた。ライバルはまだ来ていないよう。私はセンパイの分として7個をかごの中へ。どこかの偉人は言いました、「分け合えば余る」。

お父さんを超えてるね

センパイの氣功施術は現在も続いており、先生のゆうかさんが隔週で通ってくれるようになって早3年になろうとしている。最近の施術は、はじめに約30分ほど氣を入れてもらい、そのあとはその日によって気になるところをピンポイントでマッサージや温湿布をしてもらったり。音楽をかけながらカートで歩いたり。リズムに合わせてゆるくダンスをすることもあります。

氣の注入タイムは、リビングでセンパイとコウハイ（ついでに私も）が横になり、ゆうかさんはソファに座り瞑想の姿勢に入ります。コウハイがときどき動いて別の部屋に行ったりするけれど、気持ちよさそうに眠っていることがほとんど。氣を入れてもらっている最中は「何も実感がない」というのが正直なところ。でも施術が終了すると、リラックスして心身がしゃんとして軽くなったような。まさに「そんな氣がする」。

その日もゆうかさんが我が家を訪ねてくれて、センパイの体調と近況を報告したあと施術がはじまりました。そしていつもの30分が終了。すると彼女が、「今日はセンちゃんから言いたいことがあるそうなので、そちらから先にお伝えしますね」。え。動揺したけれど、聞かないという選択肢はない。ゆうかさんは動物たちとコミュニケーションができる人で、これまでにも2匹が言いたいことを折に触れて伝えてもらっていました。

断片的ですが、センパイが伝えたかったことはこうです。「私はもう準備ができてるの。身体を脱ぐことは怖くないし、もうその練習もしてる。ただ、ゆっちゃん（私のこと）が心配」。なな、なんと……。準備とは旅立つ準備？

そう言えば、このところコウハイの見守りが強化されていて、私も胸がざわざわしていた。「ちゃんと息してるかな」という生存確認の回数も増えていた。あちらとこちら、行ったり来たりしていたのかな。そういう意味？　そうか、そうなのね……。

センパイの言葉を聞いて私の中でつながったことがあった。それは先月90歳になった父のこと。

２０１１年の春に脳梗塞で倒れた父は、治療とリハビリを重ね、車椅子生活ながら小康を得ていたけれど、４年前から嚥下《えんげ》が困難になり老人介護施設に入所。そして先月、施設の担当者から「まだ切羽詰まった状態ではないものの、この先に決断することになると思われる胃ろうと延命措置について、そろそろご本人やご家族で話し合っておいてください」と連絡を受けていた。

面会に行き、施設の担当者から聞いたメリットとデメリットを含め、現在の状況と今後のことを父に説明すると、延命措置はしないと決めたものの、胃ろうについては「難しい。大事な問題だから、今すぐには決められない」との返事。誤嚥を防ぐための胃ろう、命に直結することだもの、それはそうだよね。お父さんの気持ちはよくわかるよ。納得するまで考えてゆっくり決めたらいいよ……。

そのやり取りを私は家でオットに報告したり、兄や叔母たちと何度も電話で話し合ったりしていた。父と話した感触で、私は父が「まだ死にたくない。生きていたい」と思っているのだなと感じていた。それはいまを肯定し環境に満足しているということで、ありがたいこと。

「自然のままが一番。不自然な治療や処置はいらない」健康な頃の父はそう言っていたけれど、いざ、命に関わる選択を目の前に迫られると、以前の思いのままにはいかないようだ。

そんなことをセンパイは聞いて（理解して）いたのではないかな。そして「私は覚悟もできているし、もう何も迷っていないから大丈夫！」と、伝えてくれたのではないかしら。

「すごいなぁ、センパイ。お父さんを超えてるね！」思わず呟いた。

信じるも信じないもあなた次第です、的なエピソードなのですが。

カートに乗り、紙パンツを愛用。自分ひとりでは何もできないけれど、やけに強気で前向きで食べることが何よりの楽しみ。ここ数年、父とセンパイは同じような速度で似たような進行で老化をたどった。どうぶつ好きな父、センパイを子犬の頃からかわいがっていた。コウハイのことも「猫もいいものだな。コウくんはおもしろい猫だな」と言っていた。

電話でいつも「2匹は元気か？」と聞く父に、LINEのビデオ通話による面会では姿を写して見せて、「センパイはそれなりに元気だよ。お年寄り度はちょうどお父さんと同じくらいの感じ。言葉が交わせたら、話が合うかもね！」と言って笑い合っていた。「センちゃん、お互いにがんばろうな！」と画面の向こうから手を振り声をかけ、うれしそうに笑っていた。一緒に年を重ねられる仲間がいるって心強いよね。

お父さんもセンパイも、自分が生きられるところ、生きたいときまで生きて、生き切ってほしい。毎日、眠る前には「日々、痛いも苦しいもなく、おだやかに機嫌よくいられますように」と祈ってる。最後まで並走するよ、しっかり支えるよ。私も心配かけないようにしっかりするからね。

センパイの褥瘡、父の胃ろう

体調が天候に左右されるのは相変わらずなセンパイ。量は減ってきたけれど食べようとする意欲は衰えることなく、朝と夜にきっちりごはんを食べてミルミル水を飲んでいる。いつもほんのふた口ほどを残し、それをコウハイが待ち構えて食べるのがお約束。「あちらのお客さまからです」的な。もしかしたらセンパイはコウハイのためにわざと残しているのかな（そんなことはないと思うけど）。

今日は動物病院を受診。年末のごあいさつを兼ねて。じつはセンパイには少し前から褥瘡ができてしまいました。氣功のゆうかさん曰く、腎臓が弱ってくると皮膚が敏感になるそう。ちょっとしたことで擦りむいたり切れたり血が滲んだり。「腎臓の数値が……」と言われてから5年近く経っているセンパイ、やはりそうなるんですね。

ベッドで寝るよりもカートに乗っている時間が多いので油断していました。それで「あれ? これってもしかして?」と気づいてから、患部はあっというまに大きくなった。右を下にして寝ると落ち着いて眠るので、右側のおしり周辺に3つほど。今は固まって、黒い溶岩がくっついたようになっている。

やはりプロはすごい。先生は患部の周りをサクサク剃毛し、薬を塗りやすくしてくれました。「褥瘡が乾いて固まってきているということは、センパイに治癒力がまだあるということですよ」とも。こんなに痩せてよろよろしていても身体が治そうとしている。よりよくなろうとしているんだな、先生の説明を聞きながら私は静かに感動した。

溶岩のようなかさぶたを取り除き、傷パッドで塞ぐ治療法もあるとのことだけれど、かさぶたを剥がすことに抵抗があり(私が)、少しずつ塗り薬で患部を柔らかくしていく作戦にしました。

もう血液検査などはせず、少し脱水気味だったので皮下点滴を受け、処方された薬の塗り方を指導してもらって帰宅。センパイの体温は37・2度。人間でいうと35度くらいだそうで、まだまだ生きる力を残した身体状態とのこと。年は越せそうと、保証してもらえたような気持ちになって、少し安心。

あまり安心できないのは私の父のほう。夏の終わり頃から痩せてきて、12月初旬に脱水症状から意識が混濁。併設の病院へ入院。その後回復し施設に戻ったものの、呼吸が荒くなったりと不安定な状態が続いた。そんな中で面会に行き、父と義姉と胃ろう会議をしました。

父と話し合う前に、担当医師からのていねいな説明を聞いた。今の胃ろうチューブはとてもコンパクトであること、栄養が十分になり体力が回復してきたら、また口から食べられるようになる可能性もあること、今の父の状態なら全身麻酔にも耐えられ、手術が可能だということ……。それらのことを父に、私自身に反芻するようにゆっくり伝える。

「どうするお父さん。お父さんはまだ死にたくないんだよね」娘は単刀直入にものを言う。こくんと頷く父。「じゃあさ、胃ろうの手術をしてもらう？」そう聞くと、少し間を置いてから「うん。それもいいかもしれないな」父は小さな声で言いました。

「じゃあ、先生にお願いするね」今は病院で肺の炎症を止める治療中ですが、順調に回復して体調が戻れば1月中に手術となりそうです。

「胃ろう、それがいいかも」私がそう思えたのは医師の説明の中にあった「このままでは口渇感《こうかつかん》がつらいと思います」という言葉。胃ろうをしなければ、あまり食べられないままに点滴などで命をつなぐことになり、「口渇感がかなりつらい」とのこと。確かに、誤嚥の可能性を考えれば水をゴクゴク飲むのはタブーだし、何より飲み込めないからこの状態になっているわけで。喉の渇きに苦しみながら弱っていくのはさぞつらいだろう。

そんなこんなで父は胃ろうの手術をすることになった。命の灯が小さくなってからの「喉の渇き」ってきっと犬にもあるんだろうなぁ……。センパイは食餌や水分摂取のときには、抱き上げてボウルを口の近くまで持っていく必要がある。ということはセンパイの口渇感の有無は介護している私たちにかかっている。大好きなミルミル水や豆乳を中心に1時間か2時間に1度の割合で摂取を促しているけれど、天気の悪い日などは極端に飲まない。今は排泄も摘便と圧迫排尿。すべて私たちにかかっているし、センパイのいのちを預かっているような気持ちもしているけれど、それでもセンパイ自身が生きたいように納得するまで生きてくれたらいいなと思う。

父もセンパイも生きることをあきらめない。なんとか生きようとする気力がすごい。いくつになってものらりくらりしている私に、ふたりが「強く生きるように」と背中で示してくれているようだ。

無事に新年を迎え、コウハイも満足そうにセンパイの横で眠っています。

ソフトランディング

1月半ばの低気圧に次ぐ低気圧、大寒の頃からセンパイの食欲は急激に衰えた。コウハイも心配そうにベタ付き介護を続けている。

食餌の時間、最初のひと口はえいやっと大きく口を開け、海中の鯨が小さな魚たちを飲み込む勢い。しかし、ふた口目に続かない。口が思うように動かないのか、気力が切れてしまうのか。シリコンスプーンで口元まで運んでみても食べようとはせず。「あとひと口食べてみよう〜」「じゃあ、これでラストね！」と声をかけて気持ちを盛り上げてみるもなかなか手ごわい。困ったような顔をして小さくため息をつくセンパイなのでした。

「こ、これはもしや……」私の頭をよぎるのは、老犬介護の先輩方の体験談。「あるとき突然に、あんなに大好きだったごはんをぴたりと食べなくなりました。そして、その2日後に亡くなりました」というような。この「何も口にしなくなって2日後に」というのは多くの人に聞きました。2日後。

「も、もしやセンパイも?」動揺しつつも、思い返すとそこまで極端ではないような。水分は飲もうとするので、ミルミル水のほかにも、はちみつやきな粉で味を変えたヨーグルトや豆乳を飲ませていました。しかしなにせ食べる量が少なく、身体はますます痩せて小さくなってきた。

少しでも食べてほしくて気持ちばかりが空回り。しつこくし過ぎていやな気持ちにさせるのもなんだし、ここはやっぱりシリンジを使うのがいいのか。

センパイが若い頃、「シリンジでごはんを食べさせていました」なんて聞くと、「そこまでして?」なんて思っていたけれど、いやー、そこまでしてでも食べてほしいんですよね。もちろん無理強いするつもりはないのだけれど、センパイから感じられるのは「食べるのを拒否!」という強い気持ちより「なんとなく食べられないの〜」という感じ。少しでも食べたい気持ちがあるのなら、できることは試してみたい。

年末にもらった褥瘡の塗り薬も少なくなってきたので、動物病院に行き、処方してもらいがてら食餌に使えそうな大きめのシリンジをもらってきました。その日は冷たい雨降りだったので「今日は空いているに違いない」なんて思って行ったら、待合室は犬と猫と人でいっぱい。体調を崩しやすい季節なのかな。そう言えば、氣功では冬至から立春までが1年のうちでもっともエネルギーが少ない時期とされ「山も木々も眠る」頃とか。心身を崩さないよう通常より氣を入れる必要があるそう。

先日も氣功のゆうかさんに「まずは立春までなんとかがんばりましょう。春が立てば、新しく明るいエネルギーが満ちますから」と励ましてもらったばかり。

シリンジは先端部分が細く長かったので、良きところをカッターで切って使いやすくしました。そうしておそるおそる試してみると、センパイ、ゴクゴクと喉を動かして飲みました。たくさんではないけれど「飲みたい、食べたい」という気持ちは健在のよう。

玄米のおかゆは喉を通りやすいように、フードプロセッサーでペースト状にして。ミルミル水やヨーグルトも摂取しています。おかゆは1度に20ccくらい、ミルミル水は50ccくらい。なので1日に数度、ごはんタイムが増えました。

できるだけたくさん食べてほしくて、つい作り過ぎてしまいがち。結局は残した分を我が家のハイエナ（コウハイ）が狙い、彼はますます成長中という……。センパイを心配して消耗した心身をセンパイのごはんで補っているのかもしれない。センパイが残したごはんをガツガツと食べるコウハイの背中には妙な説得力がある。

食べなくなること……。介護中の身にとってこれほど怖いことはない。「そのとき」が急に突き付けられたようで。ここまで長く介護させてもらってありがとうと思っているしいつも気持ちを伝えているので、そのときが来ても大丈夫。慌てないよ、受け入れるよ、そう思っていたけれど、いざとなってみると私の覚悟なんて絵に描いた餅だった。「こちらのエゴでがんばらせ過ぎないように」とは常々思っていること。センパイはもうとっくに旅立つ心の準備ができているというし「ならばそのときが来たら気持ちよく送り出そう」と、そのつもりでいたのに。近づいているという予感に背を向けたい。

ずっと一緒にいるなんてできないし、センパイがいつか先立つことはわかってる。でもそのいつかは今日ではないよね、明日でもないよね、そう先延ばしにしようとする自分に、「覚悟、できてたんじゃないんかい！」とツッこむ。人間は、失いたくない一心で覚悟する。

と、ここまで書いたのは1月23日の夜でした。

その夜はオットがセンパイ当番。私は寝室のベッドで眠りました。翌朝目覚め、ぼんやりした頭で思ったのは「あれ？　私、今どこで寝てるんだっけ？」。なんだかセンパイの顔が私の左肩あたりに乗っているような感覚があり、自分が当番でセンパイと寝ていたような錯覚。

オットも起きていたので昨夜の様子を聞くと、夜中と明け方に2度起きて、水を飲み排尿もあったとのこと。いつもと変わらない夜だったようでひと安心。

「今日さ、センパイと少しさんぽしない？」オットが言い、「うん、いいよ。行こう行こう」と私。オットは朝の6時頃、センパイをおなかの上に乗せていたときに、ふと思い付いたらしい。何か感じるところがあったのかと想像し、「こんなふうに何か儀式をするかのようにして、ひとつひとつ覚悟を固めていくのがこの人のやり方なのかな」なんて考えた。

いつものブランケットに包まれオットに抱っこされたセンパイは、久しぶりの外の空気に、薄目を開けて気持ち良さそうな顔をした。「あ、梅が咲いてるよ！」紅梅に近づけると、センパイは眩しそう。春の香りを嗅げたかな。

まずは近所の神社にお参りに。ここは、はじめてセンパイが家に来た日にも参拝し、「今日からこの町で暮らします。春になったら毎日さんぽをします。どうぞよろしくお願いします」とあいさつした神社。あれはお正月の1月4日だった。18年と20日が過ぎている。

それから、さんぽが日課だった頃には毎日歩いていた広場へ。あまりに澄んだ青空に写真を撮りたくなって、オットと私、順番にセンパイを抱っこして写真を撮った。

そのあとオットは、金網沿いにゆっくりゆっくり広場を歩き、「このへんでよくうんちしてたよね」なんて言って名残惜しそうに。ほんの20分ほど、明るくおだやかな空気の中で気持ちのいいさんぽができた。

「コウちゃん、ただいまー」。帰宅して、センパイをいったんベッドに寝かせたあと、すっと抱き上げたら、空中でポタポタポタとおしっこが出た。それから水を飲み、スプーンでおも湯を食べさせるとひと口飲み込んだセンパイ。そのあと私の膝の上に寝かせて、口の中をきれいにしようとしていたら、口をパクパクと2回動かして、そのあとにもなんだか動いたような気がしたけれど、その動きが不自然な感じがして。

「ん?」「あれ?」なんだか様子が違う。体内の音を聴こうと耳を近づけてみると、何も聴こえてこなかった。そこに魂はなく空っぽなのがわかった。

「もしかしたら……」とオットにセンパイを渡すと、「あ……。もうここにいないね」。

いのちはついえて、ここにある身体はセンパイが脱ぎ捨てた、殻。

なんという早業。そういえばさんぽから帰って来たときに見慣れない目やにが少し出ていて、「あら、めずらしいね」なんて言いながら拭いた。いつもと違ったことといったらそれくらい。

「死後1時間ほどで硬直がはじまり、腸や膀胱に残っていた残留物や体液が肛門や鼻から出てくる」。以前読んだ俵森朋子さんの『愛犬との幸せなさいごのために』（河出書房新社）にそう書いてあったけれど、センパイの身体からはビタ1滴、何も出てはこなかった。準備していたかのように、抱き上げられたときに最後の1滴まで出し切っていたんだ。センパイお見事。お疲れさま。ソフトランディング大成功だったね。

ベッドに寝かせ、しばらくそばにいたけれど、その後。私は予定どおりに仕事に向かった。オットは、じっとセンパイを抱っこしたままソファに座っていたそうだ。気がついたら2時間が経っていたそう。オットよ、いい時間が持ててよかったね。

私は仕事の合間に、ふと胸を詰まらせる瞬間があったものの、周囲に悟られることはなく誰にも何も告げず。言葉にしてしまうと現実として認めざるを得なくなると言うか、センパイの死をより突きつけられるような、そんな気がして声に出せなかった。「昨日見た夢」として片付けてしまいたかったし、涙腺の決壊もこわかった。

最寄りの駅から家への帰り道、歩きながら「家に帰ってもセンパイはいないんだなあ」、そう思ったら、泣けてきた。センパイがいない家に帰るなんて、信じられない。

私の留守中、LINEでセンパイの旅立ちを知らせたペットシッターの山口さんが花を届けてくれていた。ピンクの花に囲まれてセンパイは眠っているようだった。「センちゃん、ただいまー。遅くなってごめんねー。そろそろごはんの時間だよ！」声をかけてもセンパイはもう動かない。スヤスヤと穏やかに眠っていると言うよりは、ひと仕事を終えて安堵している、そんなかわいくも厳かな横顔だった。

旅立ちとコウハイ

1月24日、雲ひとつない澄んだ大空へセンパイは駆けていきました。

その2日後に火葬、かわいかったセンパイはお骨になってもかわいかった。

火葬場の担当の方が、焼き上がった骨を標本のようにていねいに並べてくれました。頭蓋骨から首、背骨、しっぽ、前脚、後ろ脚……。少し不自然に短くなったしっぽの骨を見て「あぁ、やっぱりこれはセンパイの骨なんだな」。昨年の夏にポロリと取れたしっぽの先っちょは、火葬せずに手元に残すことにした。

死んでからもセンパイの被毛はふわふわだったし、「こんなにかわいい姿がこの世からなくなってしまうなんて」「もう見ることができなくなるなんて」と嘆いたけれど、花に囲まれたセンパイの亡骸《なきがら》はほんの1時間もしない間にかさかさの乾いた骨になってしまった。

亡くなって骨になるまでのふた晩、2人と2匹でベッドに並んで眠った。こんなふうに寝たのはいつ以来？　センパイ当番がはじまる前だから1年半くらいぶりかな。当たり前のように頭を4つ並べて寝ていた日々はもう戻らない。コウハイは少し遠慮するような素ぶりを見せてから、センパイのおしりあたりにどかんと寄りかかり、そのままじっとしていた。

「センちゃんは亡くなってしまいましたが、次回に予定していた施術日に、そのまま伺ってもいいですか。センちゃんに頼まれていたことがあるので」。少し落ち着いた頃に、氣功のゆうかさんから連絡がありました。そりゃあもちろん。むしろうれしいけれど、え？　センパイに頼まれていたこと？

センパイの旅立ちから10日ほど経った土曜日に彼女が来てくれ、そして言うのです。

「センちゃんとの約束を果たしに来ました」

センパイがゆうかさんに頼んでおいたこととはコウハイのことでした。「コウハイのことが心配なのよ。私がいなくなったら、お願いね」それを最初に伝えられたのは去年の夏で、それからも何度か同じことを言い念を押していたとか。

「今日はコウハイを中心にエネルギーを入れますね。悲しみをつかさどる臓器は肺。まずは肺から整えます」センパイがいた頃と同じように私も一緒に施術してもらったあと、静かに話しはじめたゆうかさん。

「意外なことに、コウちゃんの身体にあったのは悲しみよりも怒りでした。怒りで弱るのは肝臓です。肝臓が硬く縮んでいました」おぉ？　そして続けました。

「コウハイは、センパイが亡くなること、亡くなるとどうなるかちゃんと理解していたみたいです。でも、自分ががんばって助ければ死なないのではないかと思っていたんです。それで氣功のエネルギーの入れ方や呼吸法を覚えて、センパイにやっていたそうです。それなのにセンパイは亡くなってしまったので、それに対しての怒りというか。あんなにがんばったのに、なんで！　というような、そんな気持ちが体の中で渦巻いていました」

そ、そうなんですか……。そうか、そうだったんだね。「かっこいいなぁ、コウハイ！」思わず声に出ました。そんな思いがあって、年末からセンパイにべったりくっついていたんだね。ペロペロ一生懸命舐めていたんだね。「ペロペロ、大丈夫だよ。よくなるよ。ボクが付いてるよ」って。

「コウハイががんばって見守ってくれていたのはよーくわかっているよ。自分を責めなくていいからね。みんなで力を合わせて一緒になってがんばったし、それをセンパイもちゃんとわかっていてくれてたと思う。センパイがいなくなってしまって残念だし寂しいけれど、センパイは『これでよかった』って思っていると思うよ」

私はそんなふうにコウハイを励ましたけれど、それはまた自分自身への言葉でもあった。ゆうかさんが帰ったあともコウハイとふたりでぼんやり空を眺めてひなたぼっこをしました。


コウハイはオットや私の膝の上に乗りたがるようになり、私たちの姿が見えないと鳴いて呼んだり、ずいぶん甘えん坊になりました。13歳にしてはじめてのひとりっ子生活。どこか心もとなげだけれど、食欲もあり元気にしています。

ゆうかさん曰く、彼女のところにセンパイがときどき現れるそうなのです。そして一緒にいろんなものを食べて味わっているとか。いちごのショートケーキに大喜びして、パフェもお気に入り。ティラミスを食べたときは「想像していた味と違うなー」そして、ゆうかさんがコーヒーを飲むと「苦い味が好きなんだねー」なんて感想を言うそう。今までで一番気に入った（と思われる）のはポークソテーで、「また、あれを食べよう！」と誘ってくるそうです。

まぁ、これもまた「信じるか信じないかはあなた次第です」なエピソードですが、なんだかセンパイらしい。身体も軽くなって死後を楽しんでいるみたい。安心しました。

「寂しさは日々薄まっていくかと思っていたけれどその逆です。どんどん会いたくなるし、会えなくて寂しい気持ちが募るばかりです」。これは、2年前に旅立ったセンパイの同胎の兄犬・麻呂くんのママからいただいていたメッセージ。今、その気持ちがわかるようになりました。

センパイの不在には慣れなくて、今も日に3回はコウハイを「センちゃん」と呼び間違え、出かけるときはオットに「じゃあ、センパイをお願いしますね」と声をかけてしまう。スーパーで生鮮食品を薄いポリ袋に入れてもらうと「あ、センパイの紙パンツを捨てるときに助かるなー」なんて考えている。そして、ベッドで眠れるようになった毎日に物足りなさを感じます。

私たちは18年一緒に暮らしてきました。日常の細部にことごとく溶け込んでいたセンパイの存在をあらためて感じては、そのたびにしゅんとなる。風が吹いても寂しいし、桜が咲いても悲しいけれど、今はそれでいいと思っている。寂しいまま生きていく。

姿は目に見えなくなってしまったけれど、見るのに目は必要ないし聞くのに耳は必要ないと教えてくれたのはセンパイです。

センパイはいつも心の中にいる。これからもセンパイとコウハイと私たちの物語は続きます。

おわりに

　センパイの介護で滞りがちだったことを、これからはたくさんするぞ。友だちにも会いたいし旅にも出たい。舞台やライブも積極的に観る、仕事もたくさんやって習い事も再開しよう。そう意気込むものの、相変わらずぐずぐずしています。元気に暮らしてはいるけれど、なんというか、こう、いまひとつ氣が湧かない。お世話になった動物病院にもしばらく行けなかった。やっと行き、先生やスタッフのみなさんに温かい言葉で慰めてもらったとき、「報告とお礼ができた」と安堵、と同時にひと区切りつけてしまったという寂しさがありました。やっぱり私は引きずるタイプ。

　実は、近頃、街で見かける犬がかわいく見えて仕方がない。これまで見ているようであまり見ていなかったのかもしれません。センパイがいたときはセンパイしか見ていなかったのかも……。熱心な仏教徒でも神道者でもないのに「明日はセンパイの四十九日だよ」とか「百箇日だね」とか言いながら過ごしています。我が家での「乾杯」は「センパーイ!」と言ってます。これではセンパイも安心してあちらに行けないかも……。なんて思っていたら、父が亡くなりました。胃ろうの手術を受けた3ヶ月後、急変してあっという間に。医師の「最後までよくがんばりましたね」の言葉に、父も納得しての旅立ちだったと思います。「ほらね、やっぱりセンパイとお父さん、晩年は本当に、同じように老化して同じように生きて死んだ。時期がかぶるのも必然だね」誰に言うでもなく呟く私。自分に言い聞かせているのかな。まったく、なんて年だ。

15年ほど前に算命学という占いをしてもらったことがありました。占い師曰く、「人生には修行の20年があるんですよ。まれにその期間がない人や2回ある人もいるんですけどね。あなたは41歳からですから、残りの年月をがんばって乗り越えなさい」。思えば、母の認知症がはじまったのがちょうどその年頃で、今年の春に父を見送るまで20年弱。ほかにも山あり谷あり、確かに順調とは言えない日々でした。経験して学び、じんわりとでも成長できているかな。できていると思いたい。

ありがたいことに、神さまは修行に耐えるための糧を用意してくれていたようで、それが私にとってはセンパイでした。センパイも父も「前向きに、粘って、生き切る」いのちを大切にする姿を見せてくれました。私もそうありたいです。

この本を手に取り、読んでくださったみなさん、ありがとうございました。4年間の奮闘の記録を残せてしあわせです。この記録が老犬介護のひとつのケースとして、誰かの役に立てますように。連載時から、センパイとコウハイを親戚の子のように見守ってくださり、愛ある編集をしてくださった菊地朱雅子さん、ありがとうございます。また、明るく心温まる装画とイラストを描いてくださった樋口たつ乃さん、ずっと撫でていたくなるような本に仕上げてくださったニルソンデザイン事務所の望月昭秀さんと片桐凜子さん、ありがとうございました。

生まれてきたすべての動物たちが、しあわせな一生をまっとうできる日が来ることを願って。

（2024年　7月　記す）

石黒由紀子

エッセイスト。栃木県生まれ。著書に『豆柴センパイと捨て猫コウハイ』『犬猫姉弟センパイとコウハイ』『楽しかったね、ありがとう』など。ミロコマチコさんとの共著に『猫は、うれしかったことしか覚えていない』。

本書は、幻冬舎plus（2020年7月～2024年3月）に連載された「豆柴センパイはおばあちゃん ヨロリゆるゆる、今日もごきげん」を加筆・修正し、書き下ろし原稿を加えたものです。

STAFF

ブックデザイン
望月昭秀＋片桐凜子
（NILSON）

イラストレーション
樋口たつ乃

JASRAC 出 24064-401

豆柴センパイは おばあちゃん

2024年9月20日　第1刷発行

著　者　石黒由紀子
発行人　見城 徹
編集人　菊地朱雅子
発行所　株式会社 幻冬舎
〒151-0051 東京都渋谷区千駄ヶ谷4-9-7
電話　03（5411）6211（編集）
03（5411）6222（営業）
公式HP：https://www.gentosha.co.jp/
印刷・製本所　株式会社 光邦

検印廃止

ISBN978-4-344-04346-6　C0095

この本に関するご意見・ご感想は、
下記アンケートフォームからお寄せください。
https://www.gentosha.co.jp/e/